AF474693

A conserver

~~Double~~
S.
1301.
A3

20298

TRAITÉS
DE PHYSIQUE,
D'HISTOIRE NATURELLE,
DE MINERALOGIE
ET DE
MÉTALLURGIE.

TOME TROISIEME.

R146844

S. 20298

ESSAI
D'UNE
HISTOIRE NATURELLE DE COUCHES DE LA TERRE,

Dans lequel on traite de leur formation, de leur situation, des minéraux, des métaux & des fossiles qu'elles contiennent :

AVEC DES

CONSIDÉRATIONS PHYSIQUES
sur les causes des Tremblemens de Terre & de leur propagation.

Par M. JEAN-GOTLOB LEHMANN, Docteur en Médecine, Conseiller des Mines du Roi de Prusse, de l'Académie Royale des Sciences de Berlin, & de celle des Sciences utiles de Mayence.

Ouvrages traduits de l'Allemand, & augmentés de Notes du Traducteur.

ORNÉS DE FIGURES.

TOME TROISIEME.

BIBLIOTHEQUE ROYALE

A PARIS,
Chez JEAN-THOMAS HÉRISSANT, rue S. Jacques, à S. Paul & à S. Hilaire.

M. DCC. LIX.

Avec Approbation & Privilége du Roi.

PRÉFACE DU TRADUCTEUR.

La deſcription ſi préciſe & ſi détaillée que Moïſe fait du Déluge dans la Genèſe, ayant une autorité infaillible*, puiſqu'elle n'eſt autre que celle de Dieu même, elle nous rend certains de la réalité & de l'univerſalité de ce châtiment terrible. Il s'agit ſimplement d'examiner ſi les Naturaliſtes, tels que Woodward, Scheuchzer, Buttner & M. Lehmann lui-même, ne ſe ſont point trompés, lorſqu'ils ont attribué à cet événement ſeul la formation des couches de la terre, & lorſqu'ils s'en ſont ſervi pour expliquer l'état actuel de notre globe. Il ſemble que rien ne doit nous empêcher d'agiter cette queſtion ; l'Ecriture Sainte ſe contente de nous apprendre la voie miraculeuſe dont Dieu s'eſt ſervi pour punir les crimes du genre humain ; elle ne dit rien qui puiſſe limiter les ſentimens des Naturaliſtes ſur les autres effets phyſiques que le déluge a pû produire : c'eſt une matiere qu'elle paroît avoir abandonnée aux diſputes des hommes.

Le continent que nous habitons ne nous montre à chaque pas que des ruines & des débris ; nous trouvons en beaucoup d'endroits des traces ſi marquées de révolutions, & ſur-tout d'inondations, que rien ne paroît, au premier coup d'œil, plus naturel que de recourir à la cataſtrophe la plus grande & la plus générale dont l'Hiſtoire nous ait conſervé le ſouvenir. Malgré ces apparences, les Naturaliſtes qui ſe ſervent du déluge pour expliquer les grands changemens ſurvenus à la terre, & la formation de ſes couches, ſemblent n'avoir point ſuffiſamment peſé toutes les circonſtances. Plusieurs Auteurs ont déja constaté cette vérité: on ne se propose donc ici que de rapprocher en peu de mots, quelques preuves qui pourront contribuer à la mettre dans tout son jour. En effet, une inondation passagere & qui n'a duré que quelques mois, telle que, suivant le témoignage de l'Ecriture, a été celle du déluge, n'a pû dissoudre & délayer toutes les parties du globe, comme Woodward l'a prétendu; jamais les Sectateurs de cette hypothèse ne répondront à la difficulté qu'on leur fait, en leur demandant comment la colombe que Noé fit sortir de l'arche, lui auroit rapporté un rameau d'olivier, si les parties les plus solides de la terre eussent été dissoutes & détrempées au point que cet Auteur l'a avancé; si la terre & les pierres les plus dures eussent été entierement délayées, comment concevoir qu'un seul arbre eût pû rester sur pied? D'un autre côté, la multiplicité des couches de la terre, les différentes ſubſtances qu'elles renferment, le parallélisme qu'elles obſervent aſſez conſtamment entre-elles, ne nous annoncent-ils pas qu'elles ſont l'ouvrage de pluſieurs ſiécles, & non celui d'une inondation paſſagere & violente, telle que le déluge? Pour peu que l'on ait obſervé la Nature, on s'appercevra ſans peine que rien n'eſt moins fondé que le dépôt que Woodward prétend s'être fait, à la ſuite du déluge, des ſubſtances qui composent les couches, en raiſon de leur péſanteur ſpécifique; ſi on eût examiné attentivement les amas de coquilles & de corps marins qui ſe trouvent ſi fréquemment dans le ſein de la terre, on eut remarqué que ſouvent les corps les plus peſans occupent dans les couches une place beaucoup plus élevée que ceux qui ſont plus legers; on eut vû que ces coquilles ne ſont point jettées au hazard, ni dans l'état de confuſion que l'on imagine communément ; on se fut convaincu que les amas de corps marins ne sont point les mêmes dans tous les pays ; que l'on y trouve constamment ensemble de certains corps, tandis que d'autres ne s'y rencontrent jamais, ou du moins très-rarement ; & suivant la remarque de M. Rouelle, on eut observé que ces amas de coquilles sont dans le même état que dans le fond de la mer, où certains individus vivent dans une espéce de société ou de famille, font, pour ainsi dire, bande à part, & ne se confondent point avec les autres [a].

Ces observations, ainsi qu'une infinité d'autres qu'il seroit trop long de rapporter ici prouvent que le sentiment le plus probable est celui des Physiciens qui croient que, depuis la création du monde, & dans des tems dont l'Histoire ne nous a point conservé le souvenir, la plus grande

[a] Voyez la note qui est à la page 135 de ce Volume.

partie du continent que nous habitons aujourd'hui, a été le lit de la mer, qui le couvroit de ses eaux. Le systême du séjour de la mer sur notre continent est d'une très-grande antiquité; on en attribue la découverte à Xenophane, fondateur de la Secte Eléatique: c'étoit aussi l'idée du Philosophe Eratosthène & de beaucoup d'autres Anciens; elle a été renouvellée par quelques Modernes, & entre autres par Bernard Palissy, par MM. de Maillet[a], Scheid[b], Hollmann[c], &c. & elle a été mise dans un très-grand jour dans le premier volume de l'Histoire Naturelle de MM. de Buffon & d'Aubenton. Cette théorie qui est aujourd'hui embrassée par tous ceux qui ont examiné la Nature avec attention, est la plus propre à rendre raison de la grande quantité de coquilles

[a] Dans Téliamed.

[b] Dans la Préface qui est à la tête de *la Protogée* de Leibnitz.

[c] Voyez les *Mémoires de l'Académie de Gottingen, Tome IV.*

& de corps marins que l'on trouve dans le ſein de la terre, de la formation des mines de ſel gemme, des fontaines ſalantes, ainſi que d'un grand nombre d'autres phénomenes que l'on n'expliquera jamais d'une maniere ſatisfaiſante, tant qu'on regardera le déluge comme la ſeule cauſe de la formation des couches de la terre.

Pour mettre à ſec une ſi grande portion du continent, il a fallu une révolution très-conſidérable : ſuivant le ſentiment le plus probable, elle eſt venue de l'applatiſſement de la terre vers les pôles & de la nutation ou du changement de l'inclinaiſon de ſon axe, qui a été occaſionné par le changement de ſon centre de gravité; ces évenemens, reconnus par la plûpart des Phyſiciens, ont été ſuffiſans pour produire les altérations les plus marquées à la ſurface de notre globe; ils ont dû non-ſeulement faire diſparoître les eaux de la mer des endroits où elles étoient, pour en aller submerger d'autres, mais encore ils ont dû altérer la position totale du globe, relativement au soleil, & par conséquent causer un changement total dans les climats, & influer sur les individus qui s'y trouvent. Cela paroît nous fournir une explication naturelle d'un grand nombre de phénomenes que les couches de la terre nous présentent. En effet, comment se fait-il que l'on rencontre quelquefois dans le sein de la terre, en France, en Angleterre, en Allemagne & surtout dans les parties les plus glaciales de la Sibérie, la substance que les Naturalistes nomment *ivoire fossile*, qui n'est autre chose que de vraies dents d'éléphans, dont quelques-unes n'ont souffert aucune altération dans la terre, tandis qu'actuellement ces animaux n'habitent que la zone torride? M. Gmelin dans son voyage de Sibérie, nous donne la description d'ossemens & de squeletes entiers d'une grandeur déméſurée que l'on déterre aſſez communément dans ce pays, & à qui l'on a donné le nom d'*os de Mammuth*; il les regarde comme des reſtes d'un taureau dont l'eſpéce doit avoir diſparu de deſſus la face de la terre; on a trouvé des oſſemens ſemblables en Irlande & en beaucoup d'autres parties de l'Europe. Par ce qui reſte des bois réſineux qui, ſuivant toute apparence, ont ſervi à former les charbons de terre, on a tout lieu de croire que ces bois, ainſi que ceux qui ont donné le ſuccin ou l'ambre jaune, le jayet, les bitumes, &c. étoient très-différens de ceux qui croiſſent aujourd'hui dans nos climats. Les empreintes que l'on voit ſur beaucoup de pierres, & ſur-tout ſur les pierres feuilletées qui accompagnent les charbons de terre, ſont dûes, ſuivant la remarque du célébre M. de Juſſieu, à des plantes qui ne croiſſent que dans les pays chauds & qui nous ſont parfaitement étrangeres;

c'eſt ainſi que ce grand Botaniſte a trouvé dans les ardoiſes qui accompagnent la mine de charbon de terre de S. Chaumont en Lyonnois, le fruit de l'*arbre triſte* qui y étoit comme embaumé dans du bitume; cependant ce végétal ne croît que ſur les côtes de Malabar & de Coromandel : les fougeres mêmes que l'on y trouve empreintes, reſſemblent à celles des pays exotiques. Enfin, M. de Juſſieu nous dit qu'à la vûe de ces plantes foſſiles il ſe crut tranſporté dans un nouveau monde dont les plantes étoient entierement différentes des nôtres. Les araignées, les mouches & les autres inſectes qui ſont ſouvent renfermés dans le ſuccin, montrent à un Obſervateur attentif, des caracteres qui les diſtinguent de ceux des pays où l'on tire actuellement cette ſubſtance. En examinant de près les coquilles foſſiles dont la plûpart de nos montagnes ſont remplies, on voit non-ſeulement qu'il y en a quelques-unes, telles que la béon peut juger de leur exiſtence antérieure par les couches de laves, par la pierre-ponce, les cendres, les pierres calcinées, le ſoufre & le ſel ammoniac qu'on y trouve, ſans que pourtant aucun monument hiſtorique nous apprenne que ces pays aient été brûlés. D'autres contrées ſont ſujettes encore de nos jours à des ſecouſſes & à des tremblemens de terre preſque perpétuels ; tel eſt le Pérou, où les montagnes de la Cordilliere ne paroiſſent être qu'une chaîne de volcans. On ne peut donc nier que la plûpart des couches que l'on trouvera dans ces ſortes de pays, n'aient été formées par les embraſemens ſouterreins ; mais les couches ainſi formées different beaucoup de celles qu'on rencontre communément dans le ſein de la terre, dans les endroits qui n'ont point été fouillés par les feux ſouterreins, ni recouverts par les matieres que jettent les volcans. Les tremblemens de terre joints aux inondations de la mer, qui les ont ou suivis ou accompagnés, ont dû opérer, durant une longue suite de siécles, les changemens les plus étonnans. Nous ignorons par quelle révolution la Sicile a été séparée du continent de l'Italie ; l'Etna & le Vésuve d'un côté, les efforts de la mer d'un autre, ont été plus que suffisans pour produire un pareil évenement. Nous ignorons pareillement la cause qui a produit la jonction de la mer Noire avec la Méditerranée, en forçant le détroit des Dardanelles ; ainsi que celle qui a formé la Méditerranée elle-même, dont bien des circonstances peuvent faire croire que le bassin a été creusé par les embrasemens de la terre. Peut-être même que des causes semblables ont formé le bassin de la baye de Honduras, qui, sans l'isthme de Panama, sépareroit entierement la partie septentrionale de l'Amérique, d'avec sa partie méridionale. Les isles Antilles, dont plusieurs sont enment contribué à changer la face de la terre ; mais ils ne peuvent être regardés comme la ſeule cauſe qui ait opéré. En effet, ne voyons-nous pas que la Nature eſt perpétuellement en action ? Elle détruit d'un côté pour former d'un autre ; par conſéquent elle eſt ſans ceſſe occupée à altérer la ſurface de notre globe. Les volcans ſont allumés dans toutes les parties du monde ; la mer ſe retire de certains endroits pour en aller envahir d'autres ; les fleuves & les rivieres entraînent & dépoſent du limon, du ſable, des bois, &c. Les cauſes les plus foibles ſont capables de produire au bout des ſiecles, les effets les plus grands, ſur-tout lorſqu'elles agiſſent inceſſamment, & nous voyons toutes ces cauſes réunies agir perpétuellement ſous nos yeux.

Concluons donc de tout ce qui précede que le déluge ſeul, & les feux ſouterreins ſeuls, ne ſuffiſent point pour expliquer la formation des couches de la terre. On riſquera toujours de ſe tromper, lorſque par l'envie de ſimplifier, on voudra dériver tous les phénomenes de la Nature d'une ſeule & unique cauſe.

Ainſi, ſans adopter les idées de M. Lehmann ſur la cauſe qui, ſelon lui, a formé les couches de la terre, on a cru que tous ceux qui déſirent les progrès de l'Hiſtoire Naturelle, ne laiſſeroient pas de voir avec plaiſir un Ouvrage rempli d'un grand nombre de recherches laborieuſes, de faits intéreſſans & d'obſervations curieuſes, qui ont dû couter des ſoins & un travail infatigable à l'Auteur : par cet endroit, ſon Livre excitera la reconnoiſſance & l'émulation des vrais Naturaliſtes, & il ſera précieux pour les partiſans de la ſaine Phyſique ; ils préféreront toujours des obſervations, des expériences & des vérités, à des ſpéculations vaines & à des hypothèſes haſardées.

Le Traducteur a cru devoir joindre quelques Notes propres à éclaircir & à confirmer le texte de l'Auteur ; quelquefois même il s'est permis de lui opposer des remarques contraires à ses sentimens, lorsqu'il a pensé qu'ils n'étoient point suffisamment fondés.

Ceux qui voudront s'instruire de ce qui regarde la formation des Couches de la terre, & les révolutions qu'elle a éprouvées, pourront joindre à la lecture de l'Ouvrage de M. Lehmann, celle d'un autre Traité sur la même matiere, qui parut à Paris il y a quelques années, sous le titre d'*Histoire des anciennes révolutions du globe terrestre*, en un volume in-12, chez Damonneville, Libraire. C'est une traduction d'un Livre Allemand ; mais on ne sçait pour quelle raison elle n'a point été annoncée comme telle : cependant cet Ouvrage méritoit bien qu'on en fît honneur à son véritable Auteur qui eſt M. Kruger, Profeſſeur de Phyſique & d'Hiſtoire Naturelle, dans l'Univerſité de Hall, à qui l'on doit encore un Cours de Phyſique très-eſtimable.

APPROBATION.

J'AI lû par ordre de Monſeigneur le Chancelier, *la Préface du troiſiéme Tome de l'Eſſai d'une Hiſtoire Naturelle*, dont l'Impreſſion peut être permiſe. A Paris, ce 6 Février 1759.

MILLET, Doct. en Théologie.

TABLE

TABLE DES SECTIONS,

& des Titres contenus dans le Tome troisieme.

PRÉFACE DE L'AUTEUR.

'OUVRAGE que je présente au Public a pour objet les couches de la terre. Je ne m'arrêterai point à justifier mon entreprise, dans une longue Préface, persuadé que le Lecteur curieux ne regardera point mon travail comme inutile ; ainsi pour tout préliminaire, je vais donner un Essai de la Géographie souterreine de quelques Provinces soumises à la domination de Sa Majesté Prussienne.

Le globe terreſtre eſt, relativement à nous, un grand & magnifique édifice que la Providence nous a aſſigné pour le lieu de notre ſéjour : qu'y a-t-il donc de plus raiſonnable que de chercher à le connoître le plus parfaitement qu'il eſt poſſible ? Par l'étude de l'Hiſtoire Naturelle des animaux nous apprenons à diſtinguer une partie des habitans de la terre ; par l'étude de la Botanique nous nous inſtruiſons d'une partie de ſes productions ; mais ces ſciences ne ſuffiſent point : il y a la terre elle-même à conſidérer. Dès les tems les plus reculés on s'en eſt occupé, on a depuis examiné, autant qu'on a pu, ſa ſurface ; c'eſt-là ce qui a produit un ſi grand nombre de Deſcriptions Géographiques, dans leſquelles on trouve les limites des États de chaque Souverain, ce qui eſt plutôt du reſſort de la Politique que de la Phyſique ; la Géographie devient plus intéreſſante pour elle quand elle traite de la fertilité du ſol de chaque Province, des différentes montagnes qui s'y trouvent, des rivieres qui l'arroſent, ainſi que de ſes ſources, &c ; recherches qui s'arrêtent toutes à la ſurface de la terre : en les pouſſant plus loin on indique généralement qu'un pays a des mines d'or, d'argent, de cuivre, de plomb, &c ; & l'on ne ſe donne point la peine de rapporter exactement les phénomenes remarquables qui ſe paſſent dans le ſein de la terre. Ainſi la Géographie ſouterreine eſt proprement un ouvrage auquel on n'a pas encore penſé ; il ſeroit cependant très-utile.

1° Il contribueroit au progrès des sciences dont l'objet est de connoître la structure intérieure de la terre. 2° Les Souverains, ainsi que les Particuliers, seroient à portée de sçavoir en quel endroit de leurs Etats ou de leurs terres, il faut aller chercher les substances dont ils peuvent avoir besoin. 3° Nous apprendrions à connoître & à tirer de l'utilité de beaucoup de substances qui nous sont actuellement tout-à-fait inconnues, ou dont nous ignorons l'usage. 4° Les métaux précieux qui sont comme le nerf d'un Etat se trouveroient peut-être dans des endroits où on n'avoit point pensé à les chercher. 5° Il y auroit lieu à un grand nombre d'établissemens & de manufactures. 6° On procureroit ainsi les besoins de la vie à un grand nombre d'hommes. 7° On empêcheroit beaucoup d'entreprifes défavantageufes dans les mines; les faifeurs de projets feroient décrédités, & l'on éviteroit des dépenfes fouvent auffi confidérables qu'inutiles. On voit par-là de quelle importance il eft d'examiner plus exactement l'intérieur de la terre; mais jamais on ne réuffira à rien fi l'on n'apporte une attention très-grande aux phénomenes qui fe préfentent en différens endroits de l'intérieur de la terre. Souvent un fimple laboureur, ou un ouvrier en creufant ont donné lieu aux plus importantes découvertes; il n'eft donc pas befoin de recourir aux baguettes divinatoires, aux miroirs magiques & à de pareilles extravagances pour affurer fes recherches; on a des fondemens plus certains. La Géographie souterreine est la connoissance de la terre prise depuis sa surface jusqu'à la profondeur la plus grande où il soit possible de parvenir. On ne peut se proposer une Géographie souterreine universelle, soit parce que nous ne connoissons pas même toute la surface extérieure de la terre, soit parce que nous ne pouvons descendre par-tout dans son intérieur; il est plus facile d'en faire de particulieres, en n'entreprenant que la description de quelque province & en recherchant ce qui y est caché sous la premiere couche de la terre. Avant que d'essayer ce travail, je vais indiquer les moyens que l'on peut employer pour y réussir.

1. Il faut, avant que d'entreprendre un travail de cette na-

ture, se faire des idées justes sur la structure de la terre, & ne point se contenter des connoissances que peuvent procurer les livres : il vaut mieux voyager, voir la position des pays, des provinces, des villes, &c ; on ne peut point toujours s'en rapporter aux relations imprimées : il ne faut point considérer les choses superficiellement, mais examiner avec tout le soin possible comment un canton s'éleve ou s'abaisse par rapport aux montagnes : comment les plaines sont disposées, à quels changemens ou révolutions physiques une pareille contrée a pu être exposée, d'après les monumens historiques. Mais avant que de se mettre en route pour un pareil voyage il faut :

2. Se dégager de toute prévention, & ne point s'imaginer

qu'on ne trouvera rien dans un pays, & que s'il y avoit quelque chose on l'auroit découvert avant nous; car de ce qu'une chose n'a pas encore été trouvée il ne s'ensuit pas qu'elle n'existe point, & Tacite a raison de demander si l'on y a cherché: *Quis autem scrutatus est ?* On doit toujours se promettre de découvrir quand on cherchera d'après des principes raisonnés; mais il est certain qu'on risque beaucoup d'être trompé, si, prêtant l'oreille aux faiseurs de projets qui promettent des monts d'or, on commence par leur donner des sommes considérables pour être employées à de plus grandes recherches; on aura de la peine à retirer son argent, & les mines qui donnoient les plus grandes espérances, resteront abandonnées. C'est encore un préjugé que de croire que l'on ne doit point s'occuper de mines; que la recherche en eſt trop douteuſe; & qu'on n'a point de principes aſſez ſûrs pour s'y conduire. Un Phyſicien trouvera ces principes dans le ſein même de la terre, lorſqu'il ſuivra les traces de la Nature & qu'il conſidérera ſes atteliers : des expériences réitérées donneront de la certitude & de quoi ſe former des regles ſûres. Tout ne ſe trouve point *à priori*, mais on parvient à découvrir des preuves en faiſant des expériences. Un préjugé encore plus ridicule ſeroit de croire qu'il eſt au-deſſous d'un Sçavant de s'abaiſſer à des travaux méchaniques: perſonne ne ſe croit deshonoré de percevoir les produits qui réſultent de ces travaux.

3. Il faut s'être fait une idée

juste de l'Histoire Naturelle & s'être sur-tout familiarisé avec le regne minéral; il n'est pourtant pas absolument nécessaire de connoître d'avance toutes les espéces de pierres, on l'obtiendra par l'usage; il suffit d'en sçavoir distinguer exactement tous les genres, par leurs caracteres, & pouvoir au premier coup d'œil ranger chaque substance dans la classe qui lui est propre.

4. Il est bon d'avoir au moins une connoissance legére de la Géométrie & du Dessein; cependant on pourroit y suppléer en se faisant aider par un Dessinateur, parce qu'en s'en occupant soi-même, on se priveroit d'une partie du tems que l'on pourroit employer à faire des observations.

5. Il faut être versé dans la Chymie, du moins jusqu'à pou-

voir faire l'examen & l'analyse des corps, afin de décider avec quelque degré de certitude de la classe à laquelle ils appartiennent.

6. Il faut connoître les fentes, les filons & les couches, afin de juger des endroits où ils doivent se montrer à la surface de la terre. Ainsi un Naturaliste ne doit jamais, en voyageant, manquer d'aller examiner les mines qui ont été anciennement exploitées, les carrieres, les glaisieres, &c. Souvent ces endroits en découvrent assez pour faire juger de ce que renferme une grande partie du terrein du voisinage. Les bords escarpés des rivieres, les éboulemens des terres, quelquefois même des trous de renards, peuvent conduire à des découvertes; il faut observer les rivieres & les ruis-

ſeaux, parce que ſouvent leurs eaux roulent juſqu'à une certaine diſtance des fragmens & des débris qui peuvent guider le Naturaliſte, & le conduire juſqu'aux filons dont ces fragmens ont été arrachés. Des exhalaiſons ou vapeurs qui s'élevent; différentes eſpeces de plantes & d'arbres peuvent ſouvent faire connoître ce qui eſt caché dans le ſein de la terre. C'eſt ainſi que la plante *Kali* indique du ſel marin dans les endroits où elle croît en abondance. Les forêts de chênes annoncent des mines par couches, les forêts de pins & de ſapins annoncent des montagnes qui renferment des filons, &c. L'odeur peut quelquefois ſervir d'indication; celle de l'*hepar ſulphuris*, ou des œufs pourris, ou de la poudre à canon, annonce des eaux minérales ou des fontaines salées. Les animaux mêmes peuvent nous conduire à la connoissance du terrein ; les marais près desquels les pigeons ramiers se rassemblent, donnent lieu d'espérer qu'on trouvera des fontaines salantes.

7. Il ne faut point chercher dans de pareils voyages à satisfaire simplement sa curiosité, on doit encore se proposer l'utilité générale, parce que c'est de ces découvertes que dépendent souvent les richesses d'un Etat, le bien-être de plusieurs milliers d'hommes ; qu'elles arrêtent dans le pays beaucoup d'argent qu'on seroit obligé de porter à l'étranger pour en tirer de pareilles marchandises, ce qui est d'une très-grande importance.

8. Personne n'est plus en état

de faciliter des découvertes de cette nature qu'un Souverain, en donnant des permiſſions de rechercher dans tous ſes Etats, en récompenſant les découvertes utiles, en fourniſſant aux dépenſes & aux frais des voyages; & lorſque les choſes ont été trouvées, en favoriſant les moyens d'en tirer parti.

Voilà les routes qu'un Naturaliſte attentif peut ſuivre pour l'examen de la terre, & pour découvrir peu-à-peu ce qu'elle renferme dans ſon ſein. Pluſieurs Auteurs ſe ſont déja occupés de ces recherches; mais il reſte encore bien des découvertes en arriere. Bayer nous a donné ſon *Oryctographia Norica*; Lachmund celle de Hildeſheim; Ritter celle de la Principauté de Calenberg & de Goſlar; Hoffmann celle de

Halles, &c. mais il a été impossible de tout rapporter dans ces ſortes d'ouvrages. M. Thurneiſer, autrefois premier Médecin de l'Electeur de Brandebourg, dans ſon ouvrage intitulé *Piſon*, en décrivant la Sprée, parle d'une infinité de ſubſtances, dans leſquelles il prétend avoir trouvé tantôt de l'or, tantôt de l'argent, tantôt des diamans, tantôt des perles, &c. mais lorſqu'on vient à vérifier les faits, on trouve que cet Auteur n'eſt qu'un charlatan.

Je me ſuis donc propoſé de parcourir les Etats de ſa Majeſté le Roi de Pruſſe, & de donner une relation des métaux, des minéraux, & des foſſiles qui s'y trouvent : j'avoue qu'il manquera encore bien des choſes à cette deſcription, mais je ſerai satisfait d'avoir pû exciter la curiosité d'autres Naturalistes, les engager à faire un examen plus exact des contrées où ils demeurent, & à faire part au Public de leurs découvertes.

Je commence par le Royaume de Prusse. Quoique ce vaste pays n'ait point encore été examiné relativement à la Minéralogie, il ne laisse pas d'être fameux par le succin ou l'ambre jaune qui se trouve sur ses côtes. L'origine de cette substance est une énigme que les Naturalistes n'ont pas encore pû deviner. Cependant elle paroît dûe en grande partie au régne minéral. Boccone dans son *Museo di Fisica e di Esperienze*, page 37, parle de fontaines de naphte qui se trouvent, selon lui, à Zulaut, à Colipcha, à Krostna, & dans différens autres endroits de la Prusse. Je n'ai rien omis pour vérifier ces faits, mais il paroît, ou que dans le pays on n'en a plus aucune connoissance, ou que ces fontaines ont entiérement disparu. Ce Royaume est abondamment pourvû de mines de fer, elles sont de l'espéce que l'on nomme *mine de fer marécageuse* (*minera ferri palustris*), & en Suédois *miermalm*. On ne peut douter qu'on n'y fît d'autres découvertes de mines, s'il se trouvoit des personnes qui eussent le tems & la volonté de se livrer à des recherches. J'y ai trouvé beaucoup de pétrifications.

La Poméranie dans les environs de Colberg, est remplie de sel qui est un vrai sel marin. Il y a près de Stargard de fort grands lits de terre à foulons, on y rencontre aussi des pierres à chaux & de fort belles pétrifications. On en trouve aussi à Pyritz, & sur-tout des astroïtes; & en général, la Poméranie est très-riche en tout genre de pétrifications. On y rencontre aussi de la tourbe en plusieurs endroits; elle n'est ni si grasse, ni si bonne que celle de Hollande, mais on ne manquera point d'en tirer parti, lorsque la disette de bois viendra à augmenter. On y trouve aussi des traces de mines d'alun, & le tems nous apprendra si les recherches qu'on en a faites depuis peu, réussiront. On voit par-tout des indices d'une mine de fer qui n'est aussi qu'une mine de fer marécageuse. M. Denso, Professeur très-célebre, a observé dans ses *Mémoires pour servir à l'Histoire*

Naturelle, en décrivant le lac de Madduie, que l'on y rencontre de la marne, de la pierre à chaux, du marbre coquillier, des étites ou pierres d'aigle, de l'ochre martiale, &c. Il y a quelque tems même qu'on prétendoit y avoir trouvé une terre nitreuſe qui ſans aucun travail préliminaire devoit, dit-on, donner du nitre en abondance, mais cette prétention étoit mal fondée. En général, la Poméranie eſt un pays dont la Minéralogie mériteroit d'être obſervée avec plus d'exactitude.

Examinons maintenant les Marches du Brandebourg; nous commencerons par la Marche Uckérane, comme la plus voiſine de la Poméranie qu'elle borne au Midi; vers l'Orient elle touche à la Poméranie & à la Nouvelle Marche; elle a la Marche Moyenne au Midi, & vers le Couchant le Cercle de Barnimb. Cette province eſt très-remarquable pour les ſubſtances du régne minéral qui s'y trouvent. Quant aux métaux, elle eſt preſque par-tout remplie de mines de fer; on les travaille à Zehdenick, & la mine de fer qu'on trouve dans les environs, a cèla de ſingulier, que ſouvent on rencontre des morceaux aſſez grands de ſuccin de différentes couleurs mêlés avec elle. J'en poſſéde un morceau qui peſe quatre onces, ainſi qu'un fragment de bois de cerf changé en mine de fer, qui a été trouvé dans cet endroit. Un phénomène digne de remarque, c'eſt que la mine de fer s'y reproduit après qu'on a ceſſé pendant quelques années de tirer de la mine. Mais cette mine de fer ne parvient point à maturité, elle donne moins de fer & d'une qualité inférieure que celles qui se trouvent dans un terrein qu'on fouille pour la premiere fois. On trouve des indices de mines de fer à Prentzlow, à Botzlow, à Suckow, à Boitzenbourg, & dans d'autres lieux des environs. La nature en privant ce pays de pierre à chaux, l'a amplement dédommagé par la marne calcaire dont elle l'a rempli; les habitans s'en servent pour l'engrais de leurs terres. On trouve à Neu-Angermunde, à Kinkendorf, à Wolctz de l'argille très-propre à faire des tuiles & de la poterie de terre, & une espéce de fayence ou de fausse porcelaine. Cette province est aussi très-riche en pétrifications, on trouve presque par-tout des coquilles, des coraux; des fungites, des entrochites. On rencontre près de Suckow l'eſpéce de coquille qu'on nomme *poulette* ou anomie, *concha triloba*; elle eſt auſſi connue ſous le nom de *coquille cacadu*; & Magnus de Bromel la nomme dans ſa *Litographia Suecana, Inſectum vagini-penne in ſchiſto nigro*. J'en ai auſſi rencontré à Kleinmutz, à peu de diſtance de Zehdenick, dans une pierre calcaire, dure & compacte, parmi une grande quantité de bélemnites, d'orthocératites, & même parmi les coquilles qu'on nomme *perſpectives*. La plûpart de ces pierres à chaux prennent le poli, & l'on en fait des tablettes quarrées de marbre coquillier, propres à orner les cabinets des Curieux. On trouve aux environs du lac d'Ucker, de l'ochre, du *flos Martis* ou de la ſtalactite, des faux grenats, du *glacies Mariæ*, de très-belles pierres talqueuſes, &c. En un mot, dans ce pays un Naturaliſte ne pourra guères ſortir de chez lui ſans découvrir quelque choſe de nouveau qui mérite ſon attention, ou du moins des morceaux de curioſité déja connus. Je ne parlerai point d'une grande quantité de terres de différentes couleurs, auſſi bien que des terres à foulons qui ſe trouvent aux environs de Zehdenick.

La Nouvelle Marche qui touche à celle qui précede, auſſi bien que les Cercles de Sternberg & de Croſſen qui en dépendent, ne ſont point dépourvûs de ces foſſiles & minéraux. On ſçait en quelle abondance la mine de fer s'y rencontre.

Comme cette province eſt remplie de marais & de lieux bas, il n'eſt pas douteux qu'en faiſant des ſaignées pour mettre le terrein à ſec, on ne pût y faire de très-bonnes tourbieres. Le ſçavant M. Gleditſch a trouvé près de Droſſen une grande quantité d'oſtéocolles, ſur leſquelles il a donné de très-belles obſervations à l'Académie Royale des Sciences ; il a auſſi découvert au même endroit, de la terre de Malte & de la terre Cimolée, (*terra Melita & Cimolia*). On trouve à Konigswald de la terre alumineuſe. On a ſouvent découvert des morceaux de ſuccin à Cuſtrin, & l'on rencontre aſſez communément au même endroit de belles empreintes de poiſſons dans une pierre feuilletée rouge. On y voit auſſi très-ſouvent des

des coquilles & des bois pétrifiés, & il n'est point douteux que dans la Nouvelle Marche on ne trouvât de la glaise, si les habitans n'étoient point trop paresseux pour la chercher.

La Marche Moyenne qui touche à celle dont on vient de parler, a été examinée avec plus d'exactitude que les deux précédentes ; elle offre une vaste carriere aux recherches des Minéralogistes : nous allons commencer à sa partie inférieure, à Francfort sur l'Oder. On trouve aux environs de cette ville de l'ostéocolle : à Lichtenberg qui en est peu éloigné, on voit des terres diversement colorées, & qui sont redevables au fer de leurs couleurs. Worin & Falkenhagen présentent les pétrifications les plus curieuses, & sur-tout des fungites, des coraux, des coquilles, des bois pétrifiés qui ſont ou dans une pierre calcaire, ou dans une pierre ferrugineuſe de couleur d'ochre. Storkow, Beeskow & Roſſenblatt ſont remplis de mines de fer qui ſe traitent dans les forges qui y ſont établies. Il y avoit auſſi ci-devant un travail pour faire de l'alun dans le voiſinage de Beeskow près de Papenberg, mais il faut qu'il ait été abandonné depuis longtems; car quelques recherches que j'aie faites, je n'ai pû en rien découvrir, ſinon ce que m'en ont appris d'anciens tas remplis d'alun & les reſtes de bâtimens. M. Findekeller qui étoit Médecin à Beeskow, envoya autrefois au célebre M. Henckel une terre trouvée dans le voiſinage, qui avoit les propriétés de la terre du borax, mais depuis ſa mort perſonne ne s'eſt embarraſſé de cette affaire ; il ſeroit à ſouhaiter que les Médecins ſe donnaſſent un peu plus de peine pour examiner l'Hiſtoire naturelle des endroits qu'ils habitent ; perſonne ne ſeroit plus à portée de faire de bonnes découvertes à peu de frais, tandis que d'autres, même avec beaucoup de dépenſes, ne peuvent y réuſſir. Cela procureroit de grands avantages au Public, & feroit plus d'honneur que d'aller ſe promener ſans vûes & ſans deſſein.

Solus & in ſiccâ ſecum ſpatiatur arenâ.
Virgil.

Freyenwald eſt aſſez connue par ſes travaux ſur l'alun & le vitriol. Ce même terrein eſt rempli de mines de fer qu'on y exploitoit autrefois. Les eaux minérales qui s'y trouvent, étoient regardées du tems du Docteur Gohl comme très-bonnes pour guérir plusieurs maladies, ce qui l'a déterminé à en faire l'analyse ; & son exemple a été suivi par M. Hoffmann, par M. le Docteur Schaarschmidt, & par d'autres : l'ochre qui se dépose au fond de ces eaux lorsqu'elles sont exposées à l'air, est si fine qu'on l'applique comme un collyre sur les yeux des malades. Près de la source on trouve de l'ostéocolle fort belle près des racines des plantes; on trouve aussi dans le même canton un très-beau tuf rempli de feuilles pétrifiées (*lithobiblia*). Ce tuf seroit très-propre à faire du ciment pour les travaux qu'on fait sous l'eau. Derriere les bains, dans un endroit appellé *le trou noir*, on trouve une terre d'ombre qui donne un vrai pétrole à la diſtillation. Et il ſeroit plus prudent d'en donner aux malades, à qui on croit que cela peut faire du bien, que d'acheter à des coureurs qui viennent d'Hongrie, une réſine de ſapin, qu'ils vendent pour du vrai pétrole. Cette obſervation me paroît d'autant plus importante, que les payſans ſont communément dans l'uſage d'en donner comme un préſervatif à leurs beſtiaux au printems, avant que de les faire ſortir pour paître dans les champs. On ſçait que ces vagabonds débitent auſſi de l'arſénic, de la mort aux rats & d'autres drogues ſemblables, dont il peut aiſément ſe mêler une partie avec leur prétendu pétrole, avec leurs poudres, &c. Je ne prétends point aller ſur les briſées des Médecins, mais il me ſemble que pour prévenir la mortalité parmi les beſtiaux il ſeroit bon de prendre garde à ces circonſtances. Mais pour en revenir à notre ſujet, cet endroit mérite l'attention des Curieux qui voudront rechercher la cauſe pour laquelle les différens *ſtrata* ou lits de terre d'ombre & de ſable blanc ſont arrangés en poligones. On a trouvé autrefois en cet endroit du bois foſſile bitumineux qui prenoit le poli, & qui brûlé répandoit la même odeur que le jais ou jayet, & qui laiſſoit en arriere une cendre rouge. Actuellement on n'y fait plus d'attention. C'eſt près de Freyenwald qu'on tire le ſable blanc très-fin, dont on ſe ſert pour la manufacture des glaces de

Neuſtadt ſur la Doſſe. En pétrifications on y trouve des morceaux curieux, tels que des fungites, des conchites, des bélemnites, des orthocératites. Les oſtracites changées en mine de fer ſont ſur-tout remarquables; j'en poſſéde une qui peſe dix onces, cependant il eſt rare d'en trouver de cette grandeur. On trouve auſſi ſur le chemin du château d'Uchtenhagen une terre noire mêlée de ſable, qui peut être lavée, & qui par ſa fineſſe pourroit être employée avec ſuccès dans la peinture. Près de Hohenſino on trouve des lits très-épais du talc nommé *glacies Mariæ*, que l'on rencontre auſſi par morceaux détachés dans la terre alumineuſe de Freyenwald. Près de Kanft, à peu de diſtance de Freyenwald, on rencontre une terre argilleuſe qui ſeroit très-propre à fouler les étoffes, ſi on ſe donnoit la peine de la tirer, & ſi on renonçoit au préjugé qui fait donner la préférence à celle d'Angleterre. Il y a à Cunersdorf, près de Wierzen, une terre argilleuſe graſſe, très-propre aux ouvrages en poterie ; on y trouve auſſi en pluſieurs endroits une ochre très-fine, & du tripoli de différentes eſpéces. Juſqu'à préſent on n'a encore rien trouvé de remarquable pour le régne minéral à Bernau, mais le territoire des environs n'en eſt pas entiérement dépourvû. C'eſt à Lancke & à Brenden qu'on a découvert, pour la premiere fois, de la marne dans la Marche Moyenne; cette découverte ſi utile eſt dûe à M. de Happe, Miniſtre d'Etat; j'y ai auſſi trouvé des pétrifications, & entre autres des échinites très-belles. Taſſdorf & Rudersdorf fourniſſent de la pierre à chaux à une grande partie de la Marche Moyenne, on y trouve des coquilles pétrifiées. J'y ai auſſi trouvé du *lac Lunæ* en pluſieurs endroits, ainſi que d'autres pétrifications. Il y a quelques années que l'eau verte de la Strauſſe qui paſſe à Strauſberg, méritoit un examen particulier. J'en obtins alors une certaine quantité, & par l'analyſe que j'en fis, je trouvai que ſa couleur verte venoit d'une terre cuivreuſe. Je ne prétends point conſeiller de chercher une mine de cuivre dans cet endroit, mais où a-t-on de la terre verte dans ce pays ? Nous ſommes obligés de la faire venir de Herrengrund en Hongrie, ſous le nom de verd de montagne ; de Cologne, ſous le nom de *terre de Cologne* ; d'Italie ſous le nom de *terra verde*, & nous la payons aſſez chérement. On tire tous les ans une très-grande quantité de pierre à plâtre de Zoſſen, & j'ai trouvé pluſieurs morceaux de ſuccin à Liebenwald. En s'approchant de Berlin, on trouve dans les campagnes des environs de très-belles pétrifications, & dans les glaiſieres qui ſont fréquentes, l'on en rencontre quelques-unes qui prennent un très-beau poli ; j'ai auſſi trouvé des morceaux de ſuccin dans quelques-unes de ces glaiſieres. Près de Pancko, on voit un lit de terre noire qui lavée donne une très-belle couleur noire, propre à la peinture. On trouve dans la terre dont on fait des tuiles, qui eſt derriere Potzdam, quelques morceaux de ſuccin, mais ils ſont petits. Il y a quelques années qu'on a découvert du marbre près de Raput. Dans le voiſinage de Brandebourg on rencontre des tourbes, auſſi bien qu'une terre blanche très-fine & très-belle, que l'on pourroit employer à pluſieurs uſages méchaniques. Zieſar eſt fameuſe par ſon argille à potiers, auſſi bien que Rathenau, pour celle dont on fait d'excellentes tuiles. Le Cercle de Barnim fournit une grande quantité de bonne mine de fer près de Ruppin & de Neuſtadt ſur la Doſſe. On prétend auſſi qu'il y a eu autrefois des mines de cobalt au même endroit, mais on ne peut décider ſi ce fait eſt vrai. Ce canton eſt rempli de marbre coquillier & de pétrifications. La Vieille Marche & Prignitz n'ont jusqu'à présent rien offert de curieux aux Naturalistes, cela vient peut-être de ce que personne ne s'est encore donné la peine d'examiner ce pays; cependant près de Stendal on trouve une grande quantité de bois & d'arbres entiers enfouis sous terre, ils sont noirs & devenus si compacts, qu'ils sont en état de résister très-long-tems à la pourriture.

Je m'approche du Duché de Magdebourg & du Comté de Mansfeld qui y est réuni. On ne trouve guères d'indices de minéraux autour de Magdebourg qui est dans une plaine, mais au-delà de cette ville, où le terrein s'éleve d'une maniere imperceptible en montant du côté du Hartz qui en est à 8 ou 9 lieues, on trouve plus d'indications de minéraux. On rencontre près de Wantzleben le toît ou la partie ſupérieure qui couvre les montagnes compoſées de couches, elle eſt d'une pierre à chaux griſe, que l'on nomme *marbre* dans le pays, & qui prend le poli ; on trouve dans ce marbre des bélemnites & d'autres coquilles. J'ai dit que cette pierre formoit la couverture des couches, c'eſt ce qu'il faut prouver ; ma preuve eſt fondée ſur ce qu'à Langenwedding qui en eſt à peu de diſtance, on trouve l'extrémité des couches de charbon de terre, au-deſſous de cette même pierre, mais un peu plus décompoſée. Cette couche occupe tout le terrein qui eſt entre Langenwedding juſqu'à Morſleben & Woſenſleben, & même juſqu'à Oſterwick; mais il n'eſt point encore poſſible de déterminer ſon inclinaiſon : cependant il eſt certain qu'elle eſt d'une étendue très-conſidérable, & nos deſcendans y trouveront encore de grands amas de charbons de terre ; actuellement on en trouve beaucoup à Morſleben, à Wofenſleben & à Sommerſbourg. Heidersleben eſt connu par ſon argille qui eſt préférable à celle des territoires de Magdebourg & de Halberſtadt, parce que les poteries qu'on en fait réſiſtent très-long-tems au feu le plus violent, & même au feu de la verrerie. Schœnebeck eſt fameuſe pour ſes ſalines, auſſi bien que Staſsfurt, on connoît auſſi les ſalines de Halle. Wettin & Lobegin ont des mines de charbons de terre, & je préſume qu'on pourra par la ſuite en trouver près de Petersberg

& de Grebichenſtein, à Rothenbourg, ainſi que dans la ville de ſon territoire qui s'étend dans le Comté de Mansfeld, telles que Golwitz, Zobenſtadt, Heiligenthal, Gerbstatt, Oerner, Nauendorf, Dœſelbeſen, &c. On a exploité depuis un grand nombre d'années des ardoiſes chargées de cuivre. Outre les ardoiſes chargées de cuivre & d'argent, on tiroit auſſi autrefois près de Golwitz du cobalt qui donnoit un très beau bleu, mais qui quelquefois étoit rempli de la mine rougeâtre d'arſénic qu'on nomme *Kupfernikkel*. Ainſi cette province eſt favoriſée du ciel, tant à l'intérieur de la terre qu'à ſa ſurface. Il s'y trouve cependant encore d'autres curioſités remarquables & utiles pour les Arts & les Sciences;

de ce nombre ſont les pierres nommées *fluſen*, qui ſe tirent près de Sehraplau, & il eſt ſeulement fâcheux qu'elles n'aient point la dureté de celles de Suéde. Tels ſont auſſi les grais qui ſe tirent près de Rothenbourg, de Fricdebourg, de Brucke, &c. ils ſont par grandes maſſes de roches, & à l'exception de la couleur rouge, ils ſont auſſi bons pour les bâtimens & pour faire des pierres à repaſſer, que ceux de Saxe. Je ne parle point à préſent des travaux du ſalpêtre, qui doivent être placés parmi les ouvrages de l'Art plutôt que parmi ceux de la Nature. Près de Halle les Sçavans trouveront de très-belles pétrifications; & les plus belles empreintes de végétaux ſur les ardoiſes de Wettin, & des empreintes de poiſſons ſur les ardoiſes cuivreuſes. La choſe la plus digne d'attention eſt une eſpéce de ſpath, dont je vais donner la deſcription. A peu de diſtance de Laublingen, on trouve dans une montagne une eſpéce de ſpath en boules, de la groſſeur de la tête ; ces boules ſont hériſſées de pointes à l'extérieur ; lorſqu'on vient à les caſſer, elles ſe partagent en pyramides quadrangulaires, dont les ſommets ſe réuniſſent au centre de ces boules, & la baſe de ces pyramides eſt à la circonférence. Leur couleur eſt jaune : ſi on briſe davantage ces pyramides, elles ſe mettent en feuillets comme le ſpath, & ſe diviſent en petits rhomboïdes. Lorſqu'on les place ſur un poële échauffé, ou en les chauffant d'une autre maniere, ces boules deviennent lumineuſes & phoſphoriques, & en leur faiſant éprouver une chaleur plus forte, elles crévent avec un pétillement très-violent. On peut encore placer ici différentes eſpéces de terres propres à fouler les étoffes, ou à fournir des couleurs; elles ſe trouvent en pluſieurs endroits du Duché de Magdebourg; on y voit auſſi un ſable très-fin, propre pour les Fondeurs, il ſe trouve près de Laublingen.

Je continue maintenant ma route vers la Principauté de Halberſtadt. Près de Gruningen à main gauche ſur une hauteur, en allant à Halberſtadt, on trouve une quantité prodigieuſe de pétrifications très-curieuſes. Auſſi tôt après qu'on a paſſé Halberſtadt du côté de

Harſleben, on rencontre des montagnes compoſées d'un grais peu compact, dans lequel on voit des veines de fer : du côté du Midi on voit ſe former ſur ces veines des petits tubercules de la groſſeur d'un pois. En allant plus loin vers la main droite à Langenſtein, on trouve du marbre très-ſingulièrement taché, mais il eſt tendre & plein de fentes. On voit au même endroit la terminaiſon d'une couche d'excellent charbon de terre, de ſorte qu'on s'apperçoit clairement que la pierre calcaire ou le marbre ſert de toît ou de couverture aux couches qui ſont renfermées dans la terre. On tire de bonne tourbe à Weſterhauſen ; Thale qui en eſt peu éloigné, a de fort bonnes mines de cuivre ; le filon dont on détache cette mine, eſt le même qui ſe travaille à Terſebourg, par conſéquent il vient du territoire de Blankenbourg, pour s'étendre dans la Principauté d'Halberſtadt; ces filons contiennent de très-bonne mine de cuivre & de la pyrite blanche renfermée dans du ſpath & du quartz. On y a auſſi trouvé de la mine d'argent, mais il ne paroît point que cette partie du Hartz antérieur puiſſe fournir de l'argent en une quantité conſidérable, attendu que la roche n'y eſt pas de nature à en promettre. Près des Bailliages de Stekelnberg & de Ramberg qui eſt derriere, on rencontre différentes eſpéces de mines de fer, mais elles ſont pauvres, difficiles à fondre, mêlées d'une roche très-dure & d'une portion de cuivre;

ces mines de fer font une traînée qui va jusqu'à Allrode dans le Duché de Blankenbourg. On trouve aussi dans ce canton des indices qui annoncent de très-bonnes ardoises, que l'on a été jusqu'à présent obligé de tirer de Gosslar. Il vaudroit la peine de rechercher, si la couche de marbre qui est près du Rubelande & de Neuwerck dans le Duché de Blankenbourg, ne vient point s'étendre jusques-là; c'est de ce marbre qu'on fait les ouvrages si connus de marbre de Blankenbourg : la chose me paroît vraisemblable. J'ai trouvé sur le chemin, à peu de distance de Rosstrappe, des indices de mines d'étain, ainsi que du *wolfram* très-compact. Je conjecture qu'on a autrefois jetté en cet endroit ces substances, &

qu'il y avoit anciennement de grands travaux de mines dans ce lieu. Sur le chemin qui conduit à Rofstrappe, j'ai trouvé dans quelques fouterreins une grande quantité de vitriol qui s'étoit formé naturellement. Près du village de Thale, du côté de Wienrode, on voit beaucoup de mines de fer d'une bonne qualité, & facile à fondre, on la nomme *kuhrim*. On trouve dans ce même canton une très-grande quantité d'oolites, qui fe détachent par grandes maffes & prennent un très-beau poli. Auprès du Reinftein on ne voit que des roches de fable, cependant on trouve dans fon voifinage une terre argilleufe graffe, dont on fait des pipes, au pied de la montagne. Vers Sielftadt eft une montagne compofée de pierre à chaux, dans laquelle on trouve une grande quantité de coquillages pétrifiés, & sur-tout des trochites & des entrochites, dont un grand nombre sont détachées de la pierre qui leur servoit d'enveloppe. Près de Hasserode on travaille depuis très-long-tems aux mines de cuivre ; on y a cherché des mines d'argent, mais on n'a point eu de succès ; les foibles traces qu'on avoit apperçues, n'ont point eu de suites. On y travaille actuellement aux mines de cuivre qui sont d'une très-bonne qualité. En général, cette partie du Hartz n'est point abondante en argent, comme je l'ai déja remarqué. Anciennement on avoit trouvé du cobalt propre à faire la couleur bleue dans l'endroit nommé Domkuhl, il étoit mêlé de bismuth & de pyrites arsénicales ; mais il y a deja longtems que les eaux ont gagné cette mine. En général, on rencontre dans tout ce canton des vestiges qui indiquent que les travaux des mines y ont été autrefois en vigueur, comme on le voit à Barberg, à Steinberg, &c. où il y avoit des fonderies pour le cuivre & pour l'argent. Il y avoit aussi une fonderie pour la liquation, ce qui prouve qu'on y travailloit sur le cuivre & sur l'argent. De-là, la Principauté de Halberstadt, dont j'exclus actuellement Wernigerode & Quedlinbourg, s'étend jusqu'à Fallstein & Huy, & va vers Stapelnbourg, Dardesheim, Zilli, Langeln, Appenrode, Osterwyk, jusqu'aux frontieres du Duché de Brunswick ; dans tous

tous ces endroits on rencontre des indices de couches de charbon de terre, qui viennent du Duché de Magdebourg ; les cantons d'Osterwyk & de Hornbourg se font sur-tout remarquer par-là. Près de Dardesheim la couche qui sert de toît aux charbons de terre, se montre à la surface de la terre; c'est, comme à l'ordinaire, une couche de pierre calcaire remplie de coquillages pétrifiés, parmi lesquelles se trouvent les *encrinites* ou pierres de lis, qui sont si rares. Voilà ce que contient la Principauté de Halberstadt, considérée du côté des territoires de Blankenbourg, de Hanovre & de Brunswick. Je reviens à présent à Halberstadt, & je m'avance vers Ascherfleben. En allant à Meussdorf par Quedlinbourg & Ballenſtadt, on voit que la couche de charbon de terre que l'on exploite dans les Etats du Prince d'Anhalt-Bernbourg, s'étend juſques-là ; ce charbon eſt d'une bonne eſpéce, il eſt fâcheux qu'on ne travaille point avec plus de ſoin à mettre ces mines en valeur. A Dankerode qui en eſt peu éloignée, on travailloit autrefois à une mine d'argent, & le terrein y paroît bien diſpoſé pour cela, à cauſe du voiſinage de Hartzgerode ; la mine qu'on tire eſt en effet très-riche, mais il faudroit qu'on y travaillât différemment. Sur la montagne appellée autrefois *le Tityanſberg*, on rencontre des veſtiges de fouilles & de fouterreins. En revenant de-là on paſſe par Ermſleben pour aller à Aſcherſleben, où l'on voit une très-bonne carriere de grais ; il y avoit aussi autrefois une saline qu'on a été obligé d'abandonner , à cause de la cherté du chauffage & de la petite quantité de sel que contenoient les eaux; les sources sont cependant abondantes, & on pourroit en tirer parti. Les charbons de terre qui sont devant la ville , sont d'une mauvaise espéce , & de celle qu'on nomme charbons de *bois brun*. On trouve aussi du tripoli & des terres colorées dans cette Principauté. Maintenant il me reste encore à parcourir le Comté de Hohenstein, qui est incorporé dans la Principauté de Halberstadt. Le premier endroit qu'on rencontre est Benkenstein ; on y trouve une quantité très-considérable de mine de fer près de Rauenhohé , Gesterhohé , Buchenberg , Schulweiſe, Gemeine, &c. mais la rareté du bois, l'abondance des eaux, la nature de la mine qui eſt réfractaire & mêlée de cuivre, font qu'on ne peut en tirer parti; ces mines ſont de l'hématite ou ſanguine, du *kuhrim*, &c. On trouve de fort beau jaſpe dans ces endroits. Autrefois on y travailloit à faire du vitriol. De-là on va à Ellrich. Les environs de cette petite ville ſont remarquables par différentes eſpéces d'albâtres qu'on y trouve, mais on ne ſe donne point la peine de les chercher, on ſe contente des morceaux qu'on en apporte de la partie du Comté de Hohenſtein qui dépend du Duché de Hanovre, quoique nous en ayons qui ne leur céde en rien. On fait du plâtre avec les albâtres les moins beaux. Toutes ces différences espéces d'albâtres ont été décrites dans un Traité particulier *de Alabastris Hohenstenìensibus* par Ritter. On trouve aussi au même endroit l'espéce de mine de fer que l'on nomme *Lesestein* ; elle est riche, très-fusible ; on la ramasse dans les champs, & on la traite dans des fourneaux qu'on nomme *zerzenheerd*, quand on la fait fondre toute seule ; mais comme on ne trouve pas beaucoup de cette mine, on y joint d'autres mines de fer aisées à fondre, que l'on tire près de Sachsa. Cette petite ville est la derniere du Comté de Hohenstein, vers la frontiere du pays de Hanovre ; ses environs ne sont point dépourvus de curiosités ; on y trouve d'abord plusieurs espéces de mines de fer, & un marbre verd, brun

& rouge. On trouve une grande quantité d'agates répandues dans les campagnes, & quelquefois en morceaux suffisans pour en faire des tabatieres & d'autres ouvrages semblables. On trouve des agates pareilles à Walkenried, qui est tout auprès & qui dépend du Duché de Blankenbourg. M. Cramer les fait tailler pour différens usages. Anciennement, & surtout dans le quinzieme siécle, il y avoit près de Sachsa des mines de cuivre très-considérables, ainsi que d'argent & de plomb, comme les scories qu'on rencontre en font foi; on y voit encore des réservoirs, des mines & des ruines de fonderies, dont on a fait des moulins. Il y avoit aussi anciennement des endroits près de la Wiede, où l'on lavoit le sable pour en séparer l'or, mais aujourd'hui on n'y trouve plus rien. En cherchant avec soin on trouve quelquefois du cinnabre natif par grains répandus, dans de la terre glaise. Il y a quelques années que M. Cramer en fit tirer par le lavage. Les environs de Wofseben & d'Obersachswerfen sont remarquables par les éboulemens considérables des terres qu'on y apperçoit, mais je me réserve d'en parler dans une autre occasion, & d'en rechercher les causes. Kohnstein est connu tant par les belles pétrifications qu'on y rencontre, que parce que tout ce qui s'y trouve se couvre d'une incrustation très-déliée. Près de Bleicherode il y avoit autrefois une source fameuse appellée *Knochelbrunn*, qui jettoit au printems une grande quantité de ſable rempli de petits oſſemens ; la crédulité faiſoit inventer & croire une infinité de fables ſur ce phénomène ; on vouloit même en tirer des préſages ſur la guerre, la peſte & la famine ; mais lorſqu'on vient à conſidérer ces os avec attention, on voit qu'ils ont appartenu à des grenouilles ; ces animaux s'approchent pendant l'hyver des ſources d'eau chaude, où ils meurent & ſe corrompent, & au printems l'eau fait ſortir ces os avec le ſable. Je ne rapporterai point les autres fables qu'on raconte des minéraux qu'on nomme *ſauvages*, du grand & du petit Kelle, du Zicgenloch, &c. attendu que des obſervations réitérées m'ont fait connoître que ces ſubſtances ne ſont que de la mine de fer arsénicale qu'on nomme *eisenram*, du mica ou or de chat, de la blende, du talc, &c. En général, le Comté de Hohenstein mériteroit d'être examiné plus attentivement par rapport à ses richesses souterreines, attendu qu'il est tout proche du Hartz; par conséquent il doit renfermer des métaux & des minéraux.

Dans les Etats que Sa Majesté Prussienne posséde dans le Cerle de Westphalie, on peut mettre au premier rang les mines de charbon de terre de Bochlhorst, de Schneiker & d'Ibenbuzen, aussi-bien que les salines d'Unna. Il est vrai qu'anciennement on y travailloit aussi à des mines d'argent, mais elles ont été abandonnées, parce qu'on trouva qu'elles ne dédommageoient pas des frais. On voit en plusieurs endroits de ces Etats des eaux minérales, telles que celles de Sevennar, de Schwelm, &c. On devroit essayer si on ne trouveroit point en plusieurs endroits de la calamine, du moins j'ai eu occasion de voir plusieurs terres qui m'ont semblé contenir du zinc. Ce pays ne manque point de fer. L'Oostfrise produit de très-bonne tourbe; d'ailleurs la position de cette province ne donne point lieu de s'attendre à y trouver des minéraux.

Je reviens donc à Berlin pour continuer ma route jusqu'en Silésie. Je ne connois de la Principauté de Neufchâtel que ce que Scheuchzer en a dit dans son *Oryctographia Helvetica*.

La Silésie, cette province si favorisée du Ciel, se distingue aussi par les richesses du regne minéral. Dans la description que j'en ferai je ne me propose point de suivre ce qu'en a dit Volckmann dans sa *Silesia subterranea*, ni d'autres Auteurs qui en ont parlé; je ne consulterai que l'état dans lequel j'ai trouvé ce pays dans le dernier voyage que j'ai eu occasion d'y faire. Je commencerai par la basse Silésie. En partant de Crossen on passe par Naumbourg pour aller à Dittersbach, où l'on voit des mines de fer très-bonnes, qui, quoiqu'elles ne soient point trop aisées à fondre, se travaillent cependant au fourneau appellé *Zerrenheerde*, attendu qu'on ne manque ni de bois ni de charbons; mais il n'y a point d'œconomie à les traiter ainsi, parce qu'il reste beaucoup de métal dans les scories, & qu'on brûle inutilement beaucoup de chauffage. Entre Lauenberg & Zobten il y a beaucoup de veſtiges d'anciens travaux de mines de cuivre par couches, comme on peut en juger par ce qui en reſte, & par le toit ou la couverture de ces couches qui eſt une pierre à chaux qu'on découvre à Altjawitz qui en eſt à deux lieues. Plus bas vers Hirſchberg ſont les eaux thermales de Warmbrunn, elles prouvent la préſence des pyrites ſulfureuſes & de la terre ferrugineuſe. Kupferberg eſt depuis long-tems en réputation pour ſes mines de cuivre; la mine qu'on y tire eſt d'une eſpece toute particuliere. A l'exception de la pyrite ou mine jaune de cuivre & de celle qui s'appelle fleur de cuivre; celle qu'on y trouve eſt de l'eſpéce qu'on nomme mine de cuivre *noire*, elle donne environ 72 livres de cuivre au quintal. On y trouve auſſi une mine de cuivre qu'on nomme *blanche*, & qui reſſemble à du cobalt : le quintal de cette mine contient juſqu'à 60 livres de ce métal. Ces deux eſpéces de mines ſont remarquables par leur ſingularité & en ce qu'elles ne ſe trouvent nulle part ailleurs : on a quelquefois rencontré du cobalt propre à faire du bleu, & de la mine de biſmuth au milieu de ces ſortes de mines, mais il n'y étoit que par petites maſſes ou par petits filets. On tire auſſi de la mine de cuivre à Rudolſtadt, mais elle eſt très-arſénicale. Le mont Zohten eſt remarquable en ce qu'il fournit toutes ſortes d'eſpéces de manganeſe, de mines d'étain, des mines de fer arsénicales qu'on nomme *Wolfram* & *Schirl*; mais personne ne se donne la peine d'y rien chercher. Il y avoit autrefois une mine d'argent qui rendoit Gottesberg célebre; mais les malheurs de de la guerre & d'autres accidens l'avoient fait abandonner, elle s'est enfin relevée depuis quelques années, & l'on y trouve de la mine d'argent blanche & de la mine de plomb; ces mines sont à peu de toises de la premiere couche de la terre, & il n'est point douteux qu'elles se bonifieront encore par la suite. Altwasser & Tannhausen fournissent d'excellens charbons de terre dont on se sert pour les bueries, c'est-à-dire, pour les blanchisseries des toiles qui sont aux environs. Je ne parlerai point ici des prétendues terres bézoardiques & sigillées autrefois si fameuses, qu'on trouvoit à Striegau, à Goldberg, à Jœschwitz, Liegnitz, à Barchwitz, &c, parce qu'il s'en trouve de semblables presque par-tout, & parce que il y a long-tems que leur crédit est tombé. Près de Riegersdorf à peu de distance de Wartha on trouve une terre à foulons dont on se sert dans les manufactures de draps du voisinage & du Comté de Glatz. On y voit aussi des pyrites sulfureuses. Nimtsch fournit de très-bonnes pierres à chaux dans lesquelles sont renfermées des pétrifications. A peu de distance de Nimtsch est le village de Kosèmitz où l'on trouve des chrysoprases, des opales, des cornalines, &c. J'ai parlé de la premiere de ces pierres dans les Mém. de l'Acad. Royale des

Sciences de Berlin, année 1755. Silberberg a des mines d'argent, mais on ne les cherche point avec ſoin, à cauſe de la pauvreté des habitans. Reichenſtein étoit fameux il y a pluſieurs ſiécles, & fourniſſoit une quantité d'or aſſez conſidérable; les mêmes mines s'y trouvent encore, mais la pauvreté des habitans les empêche de s'occuper à les mettre en valeur, on ſe contente d'y travailler à la ſublimation de l'arſénic: il eſt à craindre que peu-à-peu tout travail n'y ceſſe; la mine qu'on y trouve eſt remarquable, c'eſt un mêlan- de pyrite arſénicale, de pyrite ſulfureuſe, de pierre cornée rouge & noire, d'aſbeſte, de *lapis nephreticus*: la combinaiſon de ces différentes ſubſtances eſt un phénomene propre à exercer les Phyſiciens. On trouve des masses détachées de mine d'arsénic dans la pierre à chaux du voisinage, que les chaufourniers en détachent par ignorance, quoique cette mine dût faciliter la calcination de la pierre. Hermann nous a appris dans sa *Maslographia* les substances appartenantes à l'Histoire Naturelle qui se trouvent à Massel. On tire actuellement quelques espéces de mines de fer à Bankow près de Kreutzbourg, elles sont en une grande masse, & on les rencontre à trois toises au-dessous de la premiere couche de terre, c'est une espéce de mine terreuse que l'on traite au fourneau nommé *Zerrenheerd*. Je vais actuellement passer à la haute Silésie. Derriere Rosenberg en allant vers Lublinitz, j'ai fait faire une fouille d'environ une toise & demie de profondeur fur la montagne appellée *Rochufberg*. Près de Zworofski on trouve une terre argilleufe, parfaitement femblable à la terre à foulon d'Angleterre, on en fait de très-bonnes pipes à fumer du tabac, quelque médiocre que paroiffe cette manufacture, elle n'a pas laiffé que d'attirer 70 ouvriers étrangers, qu'elle fait fubfifter, & elle a donné lieu à la formation d'un village nouveau habité par cette petite colonie. Entre Lublinitz & Tarnowitz on trouve d'excellentes tourbes, mais tant qu'il y aura du bois dans ce canton, on ne penfera point à en tirer. Tarnowitz eft depuis long-tems fameux par fes mines de fer, de calamine, de plomb & d'argent; actuellement on ne travaille plus qu'aux mines de fer; cependant cette année (1756) un manufacturier d'étoffe grossiere, en creusant un puits d'environ 18 pieds de profondeur, en a tiré 300 quintaux de mine de plomb. Tout le terrein des environs est plein de mines de ce métal & entr'autres de galene cubique, de terre de plomb, de mine de plomb blanche & rouge, ce qui rend Tarnowitz & Beuthen aussi remarquables qu'aucun endroit de la Silésie. Près de la premiere de ces villes on a descendu des puits jusqu'à une très-grande profondeur dans les montagnes; mais ces travaux ont entirement cessé, l'ouverture d'un de ces puits étoit derriere Alt-Tarnowitz, auprès du moulin de Repetskow. Il y a plusieurs mines de fer les unes à côté des autres près de Piekar, & souvent on y rencontre de la mine de plomb, parce que les mines de plomb & d'argent étoient dans le voisinage. Les rebuts des anciennes mines de Tarnowitz & de Beuthen sont si riches qu'environ 200 personnes gagnent encore actuellement leur vie à les travailler; ils vendent le plomb qu'ils en retirent aux potiers de de terre pour faire le vernis de leurs poteries. Avec quel avantage ne pourroit-on pas établir une mine dans cet endroit, ce qui feroit subsister un bien plus grand nombre d'hommes, & tendroit à l'avantage du Souverain. Près de Beuthen à l'endroit nommé Starley, on tire une grande quantité de calamine dont il y a jusqu'à trois ou quatre différentes espéces. On y rencontre souvent de la mine de plomb très-pure qui est au milieu de la calamine. Il faut qu'il y ait eu anciennement des travaux de mines très-considérables aux environs de Beuthen, à en juger par ce qui reste ; actuellement on n'y travaille ni sur l'argent ni sur le plomb. Près de Dombrowka une montagne s'éleve en pente douce, & s'étend jusqu'à Olkusch en Pologne, c'est-à-dire, jusqu'à 6 ou 7 lieues, elle est remplie de mines de plomb, mais personne ne se met en peine de les mettre en valeur, quoique ce soit dans cet endroit que les travaux principaux des anciens paroissent avoir été. On y voit une source qui détache de la roche une grande quantité de trochites & d'entrochites ; après avoir examiné les montagnes des environs , je trouvai que ce phénomene étoit dû à une pierre calcaire remplie de ces ſortes de pétrifications, qui étoit peu-à-peu détrempée par les eaux, & dont la terre formoit en pluſieurs endroits des incruſtations & du tuf. Près de Tarnowitz on trouve une argille d'un gris foncé qui a l'odeur du camphre. Il y a de la mine de fer près du village de Camin mêlée avec de la calamine & de la mine de plomb. Mais on ne les exploite point d'une maniere convenable, on ſe contente d'ouvrir des trous les uns à côté des autres, ſans les garnir de charpente ni d'échelles, & lorſque l'eau ou la pluie chaſſe les ouvriers d'un de ces trous, ils vont en faire un autre plus loin. La couche qui ſert de toît ou de couverture à tous ces métaux & minéraux eſt une pierre à chaux qui renferme ſouvent des pétrifications très-curieuſes. On ne connoît ni machines à eau ni pilons, ni lavoirs dans ce canton, quoique les mines de plomb euſſent grand beſoin d'être lavées, attendu qu'elles ſont mêlées de blende & de pyrite arſénicale blanche. On trouve à Nicolaï pluſieurs couches de charbon de terre & d'ardoiſes qui ſe terminent à la ſurface de la terre; on y rencontre de très-belles empreintes de plantes, malheureuſement elles tombent en effloreſcence par la grande quantité de ſel marin qui s'y trouve mêlé; mais perſonne ne s'embarraſſe de recueillir ces curioſités. On fit l'année paſſée par ordre du Roi, des tentatives pour découvrir du ſel gemme, & en effet, on en a rencontré des indices; j'ai vû moi-même du ſel attaché à la ſurface des pierres & des terres qu'on avoit tirées. Le territoire de Koſtuchna contient d'excellens charbons de terre; mais perſonne ne cherche à en tirer parti; il y en a deux couches l'une au-deſſus de l'autre, celle qui eſt au-deſſus a 7 pieds d'épaiſſeur, quant à la ſeconde je ne l'ai vûe qu'à l'endroit où elle vient ſe terminer à la ſurface de la terre. Il y a de très-belles carrieres de pierre à chaux à Lendzin. Derriere Berun près de Sultza, de Kopziowitz & de Piaſzowitz on commence à trouver le ſel gemme qu'on tire avec tant de profit à Wielitzka & à Bochnia, en Pologne: on y rencontre la terre argilleuſe, la pierre à chaux chargée de coquilles, on y ſent l'odeur du foie de ſoufre & les eaux des environs ſont très-chargées de ſel;

ſel; en un mot, on y trouve les mêmes indications & les mêmes couches qu'à Wielitzka & Bochnia, & il y a tout lieu de croire qu'on trouvera une quantité ſuffiſante de ſel à une plus grande profondeur; d'autant plus que lorſqu'on commença à deſcendre un puits, les différens lits de terre & de pierre ſe couvrirent en un jour de cryſtaux cubiques. Mokrow, près de Nicolaï préſente des pétrifications très-curieuſes dans une pierre calcaire; l'on y trouve auſſi de la mine de fer dans une pierre à chaux. Groſſtein montre pareillement une pierre calcaire remplie de pétrifications; on y voit encore une marne très-fine, auſſi bien qu'une terre noire, qui étant lavée pourroit ſervir dans les arts. On trouve dans ce canton des veſtiges qui prouvent que les travaux des mines y ont été anciennement en vigueur. Entre Skodnia & Grashow il y a deux forges où l'on travaille la mine de fer qui ſe tire tant aux environs de Skodnia que de ceux de Tarnowitz ; une choſe remarquable, c'eſt que cette mine de fer fait un enduit chargé de zinc aux parois des fourneaux, ou une cadmie comme la mine de Goſlar ; cela vient de la mine de fer de Tarnowitz, qui eſt mêlée de calamine. Il y a auſſi deux forges près de Butkowitz, la mine de fer ſe tire au même endroit : on y trouve une argille blanche qui devient bleue à l'air, & qui contient vingt-cinq livres de fer au quintal. Depuis Falkenberg, la montagne s'éleve peu-à-peu vers le territoire de Glatz, & n'ayant plus rien de remarquable à dire ſur la Siléſie, je vais parcourir ce Comté. Hauſdorf, qui ſe préſente d'abord, eſt remarquable par les excellentes mines de cuivre qu'on y trouve; ces mines ſont de la mine de cuivre vitreuſe, de la mine jaune de cuivre, de la mine fleurie pénétrée de pyrite arſénicale blanche; il y a pluſieurs puits & galleries pour les travaux. On y trouve des indices de charbon de terre; on remarque auſſi un verd de montagne qui effleurit à Lettenſtrek, & des pyrites ſulfureuſes à Blauenſtrek. On y trouve une argille blanche & graſſe dont on peut ſe ſervir pour fouler les étoffes. On y voit des indications de mines d'argent qui peuvent devenir un objet important par la ſuite des tems. Wilhelmſtal près de Seilenberg n'eſt pas moins digne d'attention : dans cette plaine qui s'étend juſqu'à Schnee-Koppe dans le Comté de Glatz, on rencontre toutes ſortes de ſubſtances minérales, j'y ai trouvé un filon de mine d'argent fort ſingulier à l'endroit nommé Johannesberger-Leithe. Près de-là il y avoit auſſi des indications de mines d'étain. Dans ce même canton eſt une montagne remplie de cryſtaux de couleur d'améthyſte ; il y a lieu de croire, par les veſtiges qui en reſtent, que ce pays étoit autrefois plein de mines où l'on travailloit l'argent & d'autres métaux. Landeck eſt connu par ſes bains d'eaux chaudes. En général tout le Comté de Glatz est rempli de mines de fer, surtout à Reinertz, à Seelfeld, à Nesselgrund, à Hallatsch, à Jauerinck & à Poldorf, mais elles sont remplies de soufre, d'arsénic & de parties cuivreuses. J'ai trouvé dans ce Comté dix sources d'eaux minérales acidules qui ont le goût & la force des eaux d'Egera; il y en a trois près de Reinertz, une auprès d'Ober-Schweldorf, une près d'Altheyde, une près de Hartha, une à Hubigsgrund, une près de Sauerbrunnen, une près de Neuweistritz & une près de Kutowa; mais personne ne se donne la peine d'en faire l'analyse, & elles restent sans usage.

Voilà les observations que j'ai eu occasion de faire sur le regne minéral dans les Etats de

Sa Majesté Prussienne durant le cours de plusieurs années pendant lesquelles j'ai été chargé de ses ordres. Il seroit à souhaiter que chaque personne versée dans la Physique observât les lieux des environs de sa résidence & en fît part au public ; ce travail est trop étendu pour un seul homme. On ne peut point non plus prétendre qu'on fasse usage de toutes ces choses en même tems ; mais des Observations de cette espece pourront être utiles à la Postérité, & on peut les mettre en réserve jusqu'à ce que l'occasion se présente de les employer. Si des personnes qui ont de l'aisance, du tems & des talens, veulent favoriser des entreprises de cette nature, on pourra se flatter avec le tems de completter le travail, c'est ce que je désire sincerement pour le bien du public & l'avantage du Roi mon maître, & le progrès des Sciences.

A Berlin le 12 de Mai 1756.

Fin de la Préface.

DES COUCHES DE LA TERRE.

INTRODUCTION.

Quelques découvertes que j'ai eu occaſion de faire depuis pluſieurs années, m'engagent à hazarder cet ouvrage ſur les montagnes qui ſont formées par un amas de couches : je me ſuis déterminé à le communiquer aux amateurs de l'Hiſtoire Naturelle, d'autant plus volontiers que je ne connois perſonne qui ſe ſoit encore donné la peine d'examiner avec quelque attention les couches de la terre. Il eſt vrai que des Auteurs ont répandu dans leurs ouvrages des obſervations détachées ſur cette matiere ; mais ils n'ont eu en vûe que des phénomenès particuliers. Un Litographe, par exemple, s'attache aux choſes les plus rares, telles que ſont les empreintes des poiſſons, des cruſtacés, des plantes, des fleurs, &c, qui ſe trouvent dans des ardoiſes. Celui qui s'occupe de la Géométrie ſouterreine ſe contente d'indiquer comment il faut pouſſer le travail ſur les mines qui ſont diſpoſées par couches, & l'ouvrier des mines livré tout entier à l'exploitation du charbon de terre, & des ardoiſes qu'il trouve par couches, ne s'embarraſſe ni de la maniere dont ces couches ont pû ſe former, ni des obſervations qu'on peut faire à leur ſujet, ni des inductions que l'on peut en tirer ; il ne s'arrête pas davantage à découvrir des regles d'après leſquelles on puiſſe juger d'une ſuite entiere de couches & de montagnes. J'avoue que Leibnitz, Whiſton, Woodward, Newton, Buttner, Mylius, Moro, Bertrand, Kieſling, Spangenberg, & beaucoup d'autres * nous ont donné dans leurs écrits de très-bonnes choses sur les couches de la terre; mais aucun d'eux n'a pris la peine de traiter cette importante matiere à fond & avec ordre. Je ne sçais quelle peut en être la cause. Peut-être que quelques-uns de ces Sçavans n'ont pas eu des occasions suffisantes de voir, peut-être ont-ils été rebutés par les difficultés qu'on rencontre lorsqu'on veut s'enfoncer dans le sein de la terre. Les Sçavans ne sont pas toujours d'humeur à s'exposer aux risques que l'on coure à descendre dans les puits des souterreins, & à parcourir les galeries des mines; c'est une curiosité qui n'est point exempte d'inconvénients, sur-tout pour ceux à qui l'aspect de ces lieux est nouveau; mais disons avec le Poëte:

. . . . . . tu contrà audentior ito.
Perfer & obdura, tandem meminisse juvabit.

Il n'est pas douteux que l'examen des couches ne soit de la même im-

* L'Auteur auroit pu citer M. de Buffon, dans son *Histoire Naturelle*, la lecture de cet ouvrage lui auroit fait voir plusieurs

portance que celui des filons. Une des raiſons qui m'engage à ce travail, c'eſt que la plûpart des mines que l'on trouve dans les Etats du Monarque que je ſers, ſont par couches, & que ma place me fait un devoir de les examiner aſſez attentivement pour qu'on puiſſe établir des regles ſûres d'après leſquelles on juge ſi ces ſortes de mines méritent d'être travaillées, ſans riſque de ſe jetter dans des dépenſes inutiles. Je ne dirai rien qui ne ſoit à la portée même des ouvriers des mines; cependant avant que d'en venir au ſujet que je me propoſe de traiter, je ne puis me diſpenſer de parler du globe terreſtre en général, & des révolutions qui y ſont arrivées. Qu'on ne s'attende point à me voir entrer dans des diſputes & des recherches ſur l'univerſalité du déluge. Il ne faut pas non plus que le Lecteur s'imagine que je l'occuperai de détails de Géométrie ſouterreine, je m'arrê-

des difficultés qu'on doit rencontrer en attribuant au déluge la formation des couches de la terre.

terai encore moins à parler des opérations de la Métallurgie; ces matieres ont été traitées par des personnes dont les lumieres sont supérieures aux miennes; je m'en tiendrai uniquement à la nature des montagnes, & sur-tout de celles qui sont faites d'un assemblage de couches; je montrerai comment il est probable que ces couches se soient formées, & les phénomenes qu'un Naturaliste est dans le cas d'y observer. C'est parce que ces montagnes font partie du globe terrestre que je me trouverai nécessairement obligé de parler de la terre en général.

SECTION I.

De la Terre en général.

AVANT d'examiner la terre avec attention, il eſt à propos de fixer ce que l'on doit entendre par le mot *Terre*. Ce mot ſe prend ordinaîrement en deux ſens; tantôt on entend par-là le corps compoſé de parties ſolides & fluides que nous habitons; tantôt on s'en ſert pour déſigner ſimplement une des ſubſtances dont notre globe eſt compoſé; cette ſubſtance par elle-même eſt ſéche & propre à être diviſée par les fluides. On ne ſe propoſe pas ici de parler de la terre ſous ce dernier point de vûe, il s'agit de conſidérer le globe terreſtre en tant qu'il eſt compoſé de parties ſolides & de parties fluides; dans ce ſens, on peut définir la terre un corps ſphérique, compoſé de parties ſolides & fluides, qui tourne ſur ſon axe en vingt-quatre heures, & qui eſt un an à achever ſa révolution autour du ſoleil. Cette planete mérite les recherches des Sçavans, & leur fournira des preuves d'une Sageſſe infinie qui ſe plaît à ſe cacher, & d'une liaiſon myſtérieuſe entre les parties qui compoſent l'univers. On n'a aucune idée nette de la maniere dont ce corps a été formé. Au lieu donc de s'en rapporter aux ſentimens divers des plus grands Philoſophes, le plus court eſt de s'en tenir à la narration de Moyſe : d'ailleurs c'eſt le ſyſtême le plus connu. En effet, ſi nous examinons ce que les Philoſophes de l'antiquité ont écrit ſur la Coſmologie, nous verrons qu'ils s'accordent toujours à dire que le Créateur a compoſé un tout par la combinaiſon de parties ſimples ; leurs hypothèſes ne different que lorſqu'il eſt queſtion de déterminer la nature de ces parties élémentaires. Thalès le Miléſien, Pindare & d'autres regardent l'eau comme l'origine de tous les êtres. Empédocle reconnoiſſoit quatre élémens que le vulgaire regarde encore comme le principe de toute chose; le feu, l'eau, l'air & la terre. Parménide prétendoit que le feu étoit le principe de tous les êtres créés. Hésiode, & Ovide * après lui, ont imaginé un amas confus de corps indéterminés, qu'ils ont nommé le *chaos*. Epicure & ses sectateurs ont cru que le monde devoit sa formation au concours fortuit des atômes **; sans parler d'autres

* *Ante mare & terras & quod tegit omnia cælum;*
Unus erat toto Naturæ vultus in orbe,
Quem Græci dixêre chaos, rudis indigestaque moles,
Nec quidquam nisi pondus iners, congestaque eodem
Non bene junctarum discordia semina rerum.

Il dit encore dans ses Fastes Liv. XII.

Lucidus hic aër, & quæ tria corpora restant,
Ignis, aqua & tellus, unus acervus erant.

** Cela a fait dire à Juvénal :

Sunt qui in fortunæ jam casibus omnia ponant,
Et mundum nullo credant rectore moveri,
Naturâ volvente vices & lucis & anni.

opinions qui toutes tendent à regarder ces corps comme s'étant formés d'eux-mêmes. Enfin dans les tems postérieurs les Philosophes commencerent à reconnoître qu'un édifice aussi admirable que celui de l'univers ne pouvoit devoir son existence ni à un hazard aveugle, ni à lui-même *. Ainsi, de l'aveu des Sages du Paganisme, il est constant que l'Etre suprême a créé l'univers, & par conséquent la terre que nous habitons : cependant nous ne pouvons décider comment s'est opéré l'ouvrage des six jours dont parle l'Ecriture Sainte, & si ce qu'elle en dit doit être pris littéralement. Il me paroît donc que Whiston a raison d'avancer au commencement de sa nouvelle Théorie

* Pythagore dit dans ses *Carmina Aurea* :

Εἴτις ἐρεῖ, Θεὸς εἰμι, παρὲξ ἑνὸς οὗτος ὀφείλει
Κοσμον ἴσον τούτῳ στήσας, εἰπεῖν : ἐμὸς οὗτος.
Κοὔχι μονον, στήσας, εἰπεῖν, ἐμὸς, ἀλλὰ κατοικεῖς
Αὐτὸς ἐν ᾧ πεποίηκε, πεποίηται δ᾽ ἀπὸ τούτου.

de la terre, que la création, selon Moyse, n'est point une description exacte & Philosophique de l'origine de toute chose; mais une peinture historique & véritable de la formation de la terre lorsqu'elle fut tirée d'une masse informe, & des grands changemens qu'elle éprouva chaque jour jusqu'à ce qu'elle fût devenue l'habitation du premier homme. Ce sentiment n'ôte rien à la gloire du Créateur, quand même on supposeroit que la matiere dont il s'est servi pour former les différentes parties de l'univers, étoit déja créée auparavant. Il est vrai qu'il n'est gueres possible de déterminer l'aspect que pouvoit avoir cette terre nouvellement créée; mais il paroît qu'on peut juger avec quelque vraisemblance de ce qu'elle a été, par les différens changemens qu'elle a subi dans la suite des tems. Je n'entrerai point dans le détail des hypotheses des Naturalistes anciens & modernes, elles sont si différentes que l'on s'apperçoit au premier coup d'œil qu'elles sont des productions de l'imagination vive de ceux qui les ont enfantées. Les Chinois croient que la la terre étoit originairement poreuſe & ſpongieuſe, & que c'eſt pour cela qu'elle produiſoit d'elle-même & ſans travail toutes ſortes de plantes & de fruits. D'autres penſent que la terre dans ſon origine étoit parfaitement unie & ſans montagnes, & que les montagnes n'ont été formées que par le déluge univerſel, ou par d'autres révolutions du globe; mais ce ſentiment paroît deſtitué de fondemens, parce que, 1° Il ſe ſeroit formé ſur le globe des parties toutes nouvelles & qui n'y étoient point auparavant, & par conſéquent la terre eût été imparfaite en ſortant des mains du Créateur *. 2° On ſçait aſſez que les montagnes ſont d'une utilité indiſpenſable à la terre; cette vérité a été ſuffiſamment prouvée

* Cette objection ne paroît point fondée, les eaux ont pû creuſer des vallons à la ſurface de la terre, & par conſéquent former des montagnes ſans pour cela produire ſur le globe des parties nouvelles, elles n'auront fait que changer la diſpoſition des parties qui exiſtoient déja.

par M. Sulzer * & par M. Elie Bertrand **. Si la terre eût été si longtems privée de montagnes, je ne conçois point ce qui auroit pû suppléer à leur défaut : mais on voit que la terre étoit déja garnie de montagnes, puisque nous voyons que dans des tems peu éloignés de la création on s'occupa du travail des mines & l'on tira des métaux du sein de la terre, c'est ce que prouve l'Histoire de Tubalcaïn, & ce qui suppose nécessairement des montagnes : on peut donc conclure de-là qu'il y a eu des montagnes dès les commencemens du monde. Nous examinerons dans la seconde Partie de cet ouvrage si ces montagnes se sont toutes rassemblées; ou si par des révolutions générales ou particulieres, arrivées soit

* M. Sulzer est Auteur d'une Dissertation sur l'*origine des Montagnes*, qui se trouve à la fin de l'édition Allemande qu'il a publiée de l'*Histoire Naturelle de la Suisse* du célebre Scheuchzer, en 2. vol. in-4°. A Zurich en 1746.

** Dans un Livre qui a pour titre, *Essai sur les usages des Montagnes*, imprimé en françois à Zurich en 1754. in-8°.

à tout le globe, soit à quelques-unes de ses parties, ces montagnes ont souffert du changement. En un mot, la terre dans son origine étoit composée, 1° de parties fluides, c'étoit les eaux; 2° de parties solides, de la nature de celles que l'on nomme proprement *terres*, qui étoient solubles ou propres à être délayées dans les parties fluides. Au moment de la création, toutes ces parties étoient mêlées, & elles demeurerent dans cet état jusqu'à ce qu'elles fussent séparées; cela fut fait par l'ouvrage des six jours *. Je laisse aux Chronologistes à décider comment il faut compter ces six jours. Le célebre Whiston croit que chaque jour fait une année; *voyez sa nouvelle Théorie*

* L'ouvrage des six jours se trouve décrit dans ces quatre vers :

Prima dies lucem profert, locat altera cœlum,
Post hæc stat tellus, quarto duo lumina lucent,
Quinta replet vastum variis animantibus orbem,
Adam parque Deo formatur imagine sextâ.

de la Terre. Et si nous consultons l'Ecriture Sainte, nous verrons que mille ans sont devant Dieu comme un jour. On n'aura donc point droit de m'accuser d'hérésie, si je suppose que le Créateur a d'abord établi l'ordre dans la Nature, & qu'ensuite il a donné le tems nécessaire pour le développement des substances confondues dans le chaos, & pour leur séparation. Cette séparation a dû s'opérer de la maniere suivante. Comme tout étoit confondu avec les eaux qui étoient dans une agitation violente; le Créateur arrêta ce mouvement, par-là les parties solides qui y étoient dissoutes & divisées, eurent le tems de se précipiter; mais pour qu'elles eussent un espace qui les tînt liées les unes aux autres, & où elles fussent en équilibre après avoir été séparées des eaux, Dieu forma dès le second jour un atmosphere d'air dont il environna le globe; il me paroît que c'est-là ce que signifie la création du Ciel. Ainsi cette séparation se fit durant le troisieme jour. Dans la précipitation qui se fit des parties solides qui étoient plus pesantes relativement à l'eau, il fallut, suivant l'ordre de la Nature, que les parties les plus pesantes tombassent d'abord au fond, & les plus legeres venant à se précipiter ensuite, formerent une espece de croûte autour des premieres, qui par-là constituerent la croûte intérieure du globe, & leur pesanteur naturelle fit qu'elles se lierent plus étroitement les unes aux autres, que les parties extérieures qui étoient plus légeres *. Elles produisirent donc les substances que nous connoissons sous le nom de *pierres*. Elles se durcirent peu-à-peu, parceque l'humidité qui est occasionnée par la neige, la pluie, la rosée, &c. ne put plus pénétrer assez avant pour les tenir dans un état de mollesse & de fluidité. Au contraire la partie extérieure du nouveau globe

* Un grand nombre d'observations prouvent que l'ordre des couches de la terre n'est pas toujours relatif à la pesanteur des substances. C'est ce qu'a sur-tout prouvé M. de Buffon en plusieurs endroits de son Histoire Naturelle, où l'on trouvera beaucoup de faits qui démontrent cette vérité.

fut entretenue par ces cauſes dans son état de molleſſe & de fluidité. Dans cette ſéparation les parties qui furent aſſez déliées, quoiqu'elles ſurpaſſaſſent en poids la terre commune, furent auſſi portées dans l'abyſme ; j'entends par-là les parties ſubtiles minérales, ſulfureuſes, ſalines, arſénicales, qui par la ſuite fournirent de quoi former les métaux & les minéraux dans les profondeurs de la terre. Mais comme cette ſéparation ſe fit peu-à-peu ; comme l'air, qui eſt un fluide perpétuellement agité, tenoit auſſi les eaux en mouvement, & comme il eſt impoſſible que ce mouvement fût toujours égal, il y a lieu de croire que ces eaux ont dépoſé une plus grande quantité de ces parties terreuſes dans de certains endroits que dans d'autres, par conſéquent cela a dû faire prendre une ſurface inégale & raboteuſe au globe nouvellement formé, & produire en différens endroits des hauteurs que nous déſignons ſous le nom de *montagnes* *.

* Par ce que l'Auteur vient de dire il ne

Ce

Ce mouvement perpétuel de l'air a dû faire qu'il se formât des fentes dans les terres qui s'étoient déposées : en effet, quand elles se furent séparées des eaux, & quand ces eaux se furent amassées dans les réservoirs qui leur étoient propres, elles trouverent un passage libre par la terre encore molle & spongieuse, qui s'en chargea, & le concours du soleil acheva de dissiper entierement le reste de l'humidité ; ainsi les parties se rapprocherent de plus près, & il se forma de côtés & d'autres des intervalles vuides que nous rencontrons dans les profondeurs de la terre, & que nous appellons *fentes*, ou que nous désignons sous le nom de *filons*, lorsque la Nature les a eu peu-à-peu remplis de mines, de métaux ou de pierres de différentes espéces. L'expérience journaliere prouve que ce que je

prétend expliquer que la formation des montagnes composées de couches, les côteaux & les autres inégalités du globe ; mais non pas la formation des grandes chaînes des montagnes, telles que les Alpes, les Pyrenées, la Cordiliere.

viens de dire n'eſt point une ſimple conjecture ; nous voyons que les pierres les plus dures ont été molles dans leur origine & même dans un état de fluidité ; on peut le remarquer dans les cryſtaux ou dans les quartz ou cailloux cryſtalliſés, ſans compter les cryſtalliſations ſpathiques, les mines cryſtalliſées, les incruſtations, les concrétions, &c. dont quelques-unes ſe forment ſi promptement qu'il eſt aiſé de fixer les époques de leur accrétion & de leur ſolidité. Nous en avons un exemple frappant dans les incruſtations qui ſe forment dans les bains de Carlsbade en Bohême. Si cela eſt poſſible actuellement, cela a dû l'être bien autrement dans un tems où toute la terre n'étoit encore qu'un mélange confus de ſubſtances diſſoutes & délayées par les eaux. De plus, nous voyons que toutes les eſpéces de pierres qui ſe rencontrent à une grande profondeur ſont un mélange confus de toutes ſortes de ſubſtances qui ſont liées par une terre argilleuſe qui les retient dans leur état de ſolidité, au lieu que les pierres qui se sont formées après la création, n'ont ordinairement qu'une terre principale pour base; tels sont le quartz, le spath, la pierre à chaux, l'ardoise, &c. Il y a lieu de croire qu'alors les montagnes aussi-bien que les plaines étoient couvertes d'un terrein beaucoup plus fertile que les plus abondans que nous connoissions aujourd'hui, vû qu'il n'avoit point encore été altéré ou détérioré par aucune révolution. Joignez à cela que ce terrein tenoit encore de son premier état la porosité & la legéreté: d'où il suit qu'il étoit plus propre à la production des végétaux, à cause de l'action & de la réaction de ses parties; propriété qui disparut lorsque par la suite la terre se durcit. Il y a donc apparence que la terre n'avoit ni des vallées si profondes, ni des montagnes aussi escarpées que celles que nous voyons actuellement, à la suite des révolutions qui se sont opérées. Il est à présumer que le globe resta quelque tems dans cet état sans aucun changement; ceci est une conjecture, car faute d'avoir des Mémoires sur ces tems, il est impossible d'en parler avec certitude. Cependant il peut se faire qu'il y ait eu dès le commencement de petits changemens ; l'Ecriture même le prouve, lorsqu'elle nous dit qu'après le chûte de l'homme, Dieu donna sa malédiction à la terre ; ce qui pourroit faire croire que cet arrêt fut suivi sur le champ d'un changement général du globe. Mais si nous faisons attention aux termes de cette malédiction, il me semble que la terre n'a point dû souffrir pour cela une révolution générale ; Dieu dit à Adam : *La terre sera maudite à cause de vous, & vous n'en tirerez de quoi vous nourrir qu'à force de travail, elle vous produira des épines & des chardons tant que vous vivrez*, &c. On voit par-là que cette punition que Dieu annonce n'eut alors en vûe qu'Adam & son épouse ; en effet, dans le Chapitre IV de la Genèse Dieu dit de nouveau à Caïn : *La terre, quand tu l'auras cultivée, ne te rendra plus son fruit*. Dira-t-on que par la malédiction Dieu a voulu faire une addition ou un ſupplément à la création ? Ce ſentiment paroîtroit bien hazardé; mais on tomberoit néceſſairement dans cet inconvénient, ſi l'on croyoit que par cette malédiction la terre eût ſouffert un changement, tandis que Dieu avoit reconnu qu'elle étoit parfaitement bonne; ou du moins il faudroit prétendre que les épines & les chardons n'ont été créés qu'après que la malédiction eut été prononcée. Il me ſemble donc qu'il eſt plus naturel de penſer que Dieu chaſſa Adam du ſéjour du Paradis terreſtre, & le tranſporta dans un pays moins fertile & dont la culture exigeoit plus de travail que le Jardin délicieux qu'il venoit de quitter, & qui, ſuivant le Chapitre II. de la Genèſe, avoit été donné à Adam pour qu'il le cultivât & en prît ſoin.

Mais toutes ces choſes ne peuvent pas contribuer à nous donner une idée plus claire de la terre nouvellement créée, ainſi je ne m'y arrêterai point davantage. Il ſuffit de ſçavoir que la terre étoit alors compoſée des mêmes parties qu'à préſent; elle

BIBLIOTHEQUE ROYALE I

étoit comme à présent la mere de tous les êtres, & produisoit les substances des trois regnes adoptés par les Naturalistes. Elle avoit en général la même forme qu'elle a encore aujourd'hui; & les révolutions qu'elle a éprouvées depuis ne l'ont altérée que dans de très-petites parties, eu égard à sa solidité; elles n'ont occasionné que très-peu ou point du tout de changement dans sa structure générale, dans la matiere qui la compose & dans sa forme; cependant ces révolutions ont pû causer différens accidens, comme nous aurons occasion de le faire voir par la suite.

SECTION II.

Des Révolutions auxquelles la terre est exposée.

QUOIQUE la terre fût parfaite dans son genre, au sortir des mains du Créateur, cependant eu égard aux principes dont elle étoit composée, elle étoit susceptible d'un grand nombre de changemens; ses parties étoient originairement divisées & dissoutes dans les eaux avant que leur affaissement se fût opéré. Elles conserverent encore après avoir été séchées, la propriété de s'imbiber des eaux, de s'y dissoudre & de se combiner intimement avec elles. Dans l'état de siccité ces terres fournirent aussi passage au feu; ainsi l'eau & le feu étoient en état de rompre la liaison de ces parties, de leur faire prendre une nouvelle forme; mais ils n'étoient nullement capables de les détruire ou de les anéantir. L'air étoit encore bien moins en état de produire cet effet, quoiqu'on ne puisse nier qu'il n'agisse sur la terre, comme les preuves les plus convaincantes le démontrent tous les jours. Les Naturalistes s'apperçurent de ces effets, & même ils remarquerent dans la terre des traces de ces changemens qui étoient arrivés : ils trouverent des couches de terre d'une nature bien différente de celles qu'on trouve dans les hautes montagnes. Ils rencontrerent dans ces couches des corps qui ne pouvoient point y avoir été placés dès les commencemens. Ils virent ces mêmes corps à des profondeurs considérables, aussi-bien que dans les endroits les plus élevés ; cela les porta à rechercher la cause qui les y avoit ainsi transférés; il leur parut impossible d'imaginer que des changemens de cette nature eussent pû s'opérer peu-à-peu; les monumens qu'ils trouvoient leur semblerent trop considérables pour ne pas soupçonner que le globe terrestre eût éprouvé une révolution générale: en effet, ils voyoient qu'il eſt impoſſible qu'un accident leger eût pû opérer ce changement; ils conclurent que la cauſe qui l'avoit produit avoit été univerſelle, d'une longue durée, & qu'elle s'étoit fait ſentir à toute la terre qui en avoit été bouleverſée. Il s'agiſſoit donc alors de déterminer quelle pouvoit être cette cauſe; on n'en trouva point de meilleure qu'une inondation générale; & l'Ecriture Sainte, dans la deſcription qu'elle donne du déluge, fournit la preuve du fait qu'on demandoit. Les Ecrivains du Paganiſme ſemblerent confirmer ce ſentiment par le déluge de Deucalion. On croit que le déluge univerſel eſt arrivé 1656 ans après la création du monde, & qu'il ceſſa l'an 1657. Burnet, Woodward, Whiſton, Leibnitz, Newton, Bertrand, Moro & beaucoup d'autres Naturaliſtes attribuent les changemens de notre globe à ce déluge; mais ils ne ſont point d'accord ſur les ſuites & encore moins ſur la cauſe.

Sentiment de Woodward.

Woodward a ſuppoſé qu'il y avoit au centre de la terre une maſſe immenſe d'eau; que la mer ne ſe montra qu'au déluge, & qu'alors elle inonda la terre; que cette eau renfermée dans le centre de la terre s'éleva en même tems, qu'il ſe joignit à ce ſoulevement une pluie de quarante jours, ce qui augmenta les eaux au point qu'elles s'éleverent au-deſſus des plus hautes montagnes. Selon lui, toute la terre, les rochers, les pierres, en un mot, tous les corps furent diſſous & détrempés dans cette immenſe quantité d'eau, & le chaos ou l'amas confus qui réſulta de ce mêlange dura juſqu'à ce que chaque corps eut repris ſa peſanteur ſpécifique; alors les différentes ſubſtances ſe précipiterent, elles formerent différentes croûtes ou couches les unes ſur les autres, les eaux s'écoulerent, & il ſe forma une nouvelle terre parfaitement ſemblable à la premiere; les montagnes ſe trouverent placées aux mêmes endroits qu'elles avoient été d'abord, & ce fut à cette occasion qu'une si grande quantité de corps du regne animal & du regne végétal qui avoient été suspendus dans les eaux du déluge, furent portés dans les couches de la terre, à mesure qu'elles se formerent.

Sentiment de Whiston.

Whiston prétend que c'est une comete qui fut la cause du déluge universel. Il croit qu'elle s'approcha si près de la terre, que comprimant fortement la mer, elle la força de sortir de son lit & de s'élever au-dessus de ses bords. Cette comete apporta en même tems une grande colomne d'eau, qui jointe à la pluie de quarante jours, fournit une quantité d'eau suffisante pour submerger toute la terre. Enfin ces eaux se retirerent, & le limon qu'elles déposerent, donna une nouvelle croûte à la terre, il se forma des montagnes : de cette maniere Whiston n'est point embarrassé à reproduire une nouvelle terre.

Sentiment de Burnet.

Burnet suppose que l'ancien globe de la terre étoit creux, & contenoit un amas considérable d'eau ; il prétend que la croûte de la terre n'avoit ni eau, ni rivieres, ni mers, ce qui fut cause qu'elle se sécha très-promptement, qu'il s'y fit des fentes, & que par ces ouvertures les eaux cachées dans l'abysme sortirent ; cela fut accompagné d'une pluie de quarante jours ; & les corps furent confondus dans ces eaux. Il prétend aussi que la terre changea de position : enfin il suppose que les eaux s'écoulerent ; c'est de-là qu'il déduit l'origine des mers, des lacs, des rivieres, des ruisseaux, des fontaines, des montagnes, des vallées, des couches de la terre ; le globe resta dans la position où il avoit été mis par le déluge

Voilà en peu de mots les systêmes de ces trois habiles Naturalistes qui ont eu recours au déluge pour expliquer les révolutions arrivées à la terre, la maniere dont ses différenles couches se sont formées, & pour faire voir comment tant de corps étrangers ont été mêlés avec ces couches. Des Physiciens plus modernes peu satisfaits de ces opinions, peserent toutes les circonstances, & examinerent si l'on étoit absolument obligé de mettre tous les changemens arrivés à la terre, sur le compte du déluge, & s'il ne pouvoit point y avoir d'autres moyens, qui sans être assez universels pour changer toute la face de la terre, eussent eu, ou eussent encore le pouvoir de changer quelqu'une de ses parties. Je ne parlerai point à présent du sentiment de ceux qui attribuent les changemens survenus au globe, à la retraite de la mer, ni de celui des Auteurs qui croient que la terre entiere a été long-tems couverte par la mer: je me contenterai de parler encore de deux systêmes qui different entierement de ceux que je viens de rapporter.

Sentiment de Moro.

M. Antoine Lazzaro Moro s'est sur-tout attaché à examiner & à réfuter les systêmes de Burnet & de Woodward, & il a donné ensuite le sien, dans un ouvrage Italien qui a pour titre : *De Crostacei e degli altri corpi marini che si trovano su monti.* Venise 1740 *in*-4°. Après avoir réfuté dans la premiere Partie de cet ouvrage les sentimens des autres, il veut prouver dans la seconde, que toutes les montagnes, les isles, les substances animales & végétales qui se trouvent dans les couches de la terre, sont redevables de leur situation au feu souterrein.

Sentiment de M. Bertrand.

Il y a quelques années que M. Elie-Bertrand, Pasteur à Berne, donna un ouvrage sous le titre de *Mémoires sur la structure intérieure de la terre, in-8°. à Zuric* 1752. Il convient d'une inondation universelle, mais il croit qu'on ne doit point pour cela attribuer à cette cause seule tous les changemens survenus à notre globe : il dit que les phénomenes que nous présentent les couches de la terre sont dûs 1° à la premiere création; 2° au déluge universel; 3° à des accidens particuliers qui sont arrivés en différens tems à la terre, ou à quelques-unes de ses parties. Nous allons passer en revûe ces différens sentimens: je crois cependant devoir avertir le lecteur, que mon but dans cet ouvrage n'est que d'éclaircir l'Histoire Naturelle des couches de la terre, sans prétendre donner une nouvelle théorie de la terre & de sa formation, ce qui est du ressort de la Physique & de la Géométrie. Je vais donc faire six sous-divisions de cette Section.

I.

Examen du systême de Woodward.

CE systême qui est exposé dans la *Géographie physique* de Woodward a été déjà examiné & critiqué par M. Lazzaro Moro; mais il paroît que l'attachement de ce critique à son propre systême le fait aller quelquefois trop loin; je vais donc tenter s'il ne feroit point possible de concilier en quelque façon les sentimens de ces deux Naturalistes. Woodward suppose une grande quantité d'eau dans le centre de la terre ; c'est vrai-semblablement le passage de la Genèse, qui se trouve au Chapitre VII. ℣. 11, qui a donné lieu à cette supposition ; il est dit que *toutes les sources du grand abysme des eaux furent rompues, & les cataractes du ciel ouvertes.* Woodward veut donc dire, 1° que ces eaux renfermées dans la terre, s'ouvrirent un passage, tandis que la mer, gonflée par la pluie qui avoit duré quarante jours, s'augmenta au point de s'élever par-dessus ses bords : de cette maniere toute la terre fut inondée, & il se fit un mêlange confus & général des substances terrestres & aquatiques. 2° Il prétend que tout le globe a dû se dissoudre dans cette immense quantité d'eau ; & pour que ces parties dissoutes ne se précipitassent pas trop promptement, Dieu, par un miracle, les prive de leur pesanteur ſpécifique. 3° Lorſque Dieu eût rendu à ces parties leur peſanteur ſpécifique, elles ſe dépoſerent les unes ſur les autres par couches, & ſe chargerent en même tems de pluſieurs ſubſtances étrangeres. 4° Les eaux ſe raſſemblerent dans la mer & dans l'abyſme où elles avoient été auparavant, & par-là la terre reſta à ſec. Je ne parlerai point ici des autres principes de Woodward, ni des conſéquences qu'il en tire pour l'explication des météores, attendu qu'ils ne ſont point de mon ſujet.

Quant à la premiere de ces propoſitions, il me ſemble qu'il ſeroit difficile de la nier, attendu que Moyſe, le plus ancien des Hiſtoriens, dit poſitivement la même choſe; joignez à cela que, comme nous l'avons vû plus haut, avant la création & la formation du globe, les parties ſolides étoient diſſoutes dans une grande quantité d'eau, & après que la ſéparation en fut faite, les eaux furent diſtribuées dans la mer, les lacs, les rivieres & les ruiſſeaux. Mais comme ces endroits ne ſuffiſoient point pour contenir toute cette eau, il fallut néceſſairement la mettre dans d'autres réſervoirs pour la conſerver; il n'y avoit point de place plus propre à cet uſage que la cavité intérieure de la terre qui étoit capable de contenir une grande quantité d'eau, de la conduire par des canaux ſouterreins juſqu'à la mer, ou de la répandre à la ſurface de la terre, par le moyen des fontaines & des ſources pour l'utilité des créatures. Il y a lieu de croire que ces eaux terreſtres prirent la place des eaux de la mer qui ſortirent de leurs bornes & ſubmergerent la terre. Il eſt auſſi poſſible que, ſuivant le ſentiment de Whiſton, une comete en comprimant les eaux de la mer, les ait forcées à ſortir de leur lit; qu'alors elles s'éleverent à vûe d'œil, & mirent une partie du globe en diſſolution. Il n'étoit donc pas néceſſaire que toute la terre fût miſe en diſſolution, comme Woodward le prétend dans ſa ſeconde propoſition; en effet, pour produire tous ces changemens il ſuffiſoit que les parties terreſtres qui couvroient la surface de la terre fussent divisées & délayées par les eaux. Les rochers eux-mêmes resterent dans leur état ; car ni l'eau ni le tems de son séjour ne furent point suffisans pour dissoudre ces corps solides & durs, puisque le déluge ne dura pas, à beaucoup près, une année entiere. Comment eut-il donc été possible que des corps si compacts eussent été détrempés & mis en dissolution, & eussent ensuite repris leur dureté précédente en si peu de tems ; en effet, quand même on auroit recours à un miracle de la toute-puissance de Dieu, on n'expliqueroit point ce phénomene, attendu que Dieu, quoique supérieur à la Nature, n'agit pourtant jamais contre ses loix. Il est encore moins nécessaire de prétendre que la pesanteur spécifique fût enlevée par un miracle aux corps : si on admet que la surface de la terre ait été détrempée, la pesanteur des parties dissoutes ne devoit point les empêcher de nâger ou d'être suspendues dans les eaux. Au reste, Woodward a raison de dire qu'ensuite, lorsque les parties délayées se déposerent, elles formerent les couches que nous voyons. Mais y a-t-il des couches par-tout? & trouve-t-on des couches horisontales dans le sein des plus hautes montagnes? ne se trouvent-elles pas toujours dans les montagnes peu élevées & de moyenne grandeur? Je parlerai ici des couches dont on attribue ordinairement la formation aux grandes révolutions du globe terrestre. Ainsi dans le systême de Woodward, je n'adopte qu'une dissolution d'une partie de la terre; mais je ne puis admettre en aucune maniere sa dissolution totale dans les eaux, & je crois que c'est par le dépôt ou l'affaissement de ces parties dissoutes ou détrempées qu'une partie des couches que nous voyons a été formée; d'un autre côté, je n'imagine point que la terre ainsi renouvellée fût parfaitement semblable à la terre primitive; l'expérience nous prouve que cette grande révolution a formé des collines, des montagnes, des vallées, des lacs, des précipices, qui n'existoient point auparavant. J'en donnerai la preuve dans le sixieme Traité, où je m'expliquerai avec plus d'ordre & de liaison.

II.

Examen du système de Whiston.

WHISTON prétend que le déluge universel a été produit par une comete, & par une colomne d'eau & de vapeurs que cette comete avoit apportée; il suppose que cette comete comprima fortement la mer au point de la faire sortir de son lit, & que la colomne d'eau jointe à l'eau de la mer & à la pluie de quarante jours, submergea la terre, & en mit une partie en dissolution. Enfin, les eaux se retirerent, & se rassemblerent soit dans le grand abysme, soit dans le lit de la mer, & la rendirent plus grande qu'elle n'étoit avant cette inondation; les vents se chargerent encore d'une grande partie de cette eau; la terre détrempée se déposa comme du limon & forma de cette maniere différentes couches ou lits.

1° Quant à la comete dont parle Whiston ; suivant les calculs des Astronomes, il semble qu'il en parut une en effet dans le tems où l'on place le déluge universel ; mais quand même elle se fût autant approchée de la terre que Whiston le prétend, elle eût plutôt causé un incendie qu'une inondation, sur-tout si sa pression eût été assez forte pour agir même sur l'intérieur du globe & pour faire sortir les eaux qui y étoient renfermées. Suivant cet Auteur, cet effet a été produit, 1° parce que la colomne de vapeurs qui accompagnoit la comete s'est condensée & est tombée en eau sur la terre. 2° Par la pluie qui dura quarante jours sans interruption. 3° Parce que la mer s'éleva par-dessus ses bords. 4° Parce que cette grande quantité d'eau détrempa la terre qui étoit creuse, au point de lui faire perdre sa consistence solide & sa liaison, ce qui fit qu'elle s'écroula & fit sortir les eaux contenues dans son sein; semblable à une voûte exposée aux injures de l'air, la grand humidité la pénetre à la fin, au point que le mortier qui lioit les pierres s'amollit, & toute la voûte s'affaisse & tombe par morceaux. Mais combien ces principes n'exigent-ils point de suppositions, & sur-tout le dernier? En effet, jamais on ne prouvera d'une maniere satisfaisante, que la terre primitive fût creuse & remplie d'eau; cela n'est fondé que sur de simples conjectures; mais il falloit nécessairement en admettre pour étayer le premier principe, qui n'est lui-même qu'une conjecture. Comme Whiston s'accorde avec Woodward, sur la dissolution du globe entier, on a les mêmes difficultés à lui opposer; & M. Bertrand a raison de dire à la page 81 de ses *Mémoires sur la structure intérieure de lat erre*: « On veut que les » marbres les plus durs aient été dis» sous dans l'eau & réduits en bouil» lie, tandis que les plus petits co» quillages auront résisté à la force

» qui aura produit ce grand effet. Il
» fallut ſans doute un grand miracle
» pour diſſoudre les rochers : il en
» fallut un autre pour conſerver tant
» de corps ſi mous, ſi tendres, ſi minces
» ſi délicats ou ſi fragiles ». En effet, il eſt difficile de concevoir que des coquilles aient pû ſe conſerver ſans être miſes en diſſolution, d'autant plus que la ſubſtance calcaire dont leurs écailles ſont composées eſt plus ſujette à ſe détruire & à ſe diſſoudre dans l'eau que les autres eſpéces de pierres ; nous en avons des preuves dans les incruſtations, & les ſtalactites, qui ſont formées par des pierres calcaires diſſoutes. Lorſque Whiſton ajoûte que la terre miſe en diſſolution s'eſt écroulée, ne pourroit-on pas lui demander ce que ſont devenues après le déluge univerſel ces eaux qui étoient auparavant renfermées dans les abyſmes de la terre, puiſque après cet affaiſſement de la croûte du globe, il n'y avoit plus de vuide ni d'eſpace à ſon centre propre à les recevoir : il faut cependant que ces eaux ſe ſoient retirées ; car

car sans cela jamais les parties terrestres qui avoient été délayées, n'auroient pû se déposer, attendu que tant que des fluides sont dans un mouvement égal & violent, ils ne laissent point tomber les corps qu'ils tiennent suspendus. Mais comme nous voyons que la terre s'est déposée par couches, il faut nécessairement que le mouvement des ondulations soit allé en diminuant; cela est arrivé parce que la quantité de l'eau est devenue plus petite. On ne peut point supposer avec Whiston que la mer soit devenue plus grande, parce que pour que cela fût arrivé il eut fallu que toute la disposition du globe eût changé, & aussi-tôt qu'elle eut cessé de conserver l'équilibre que la Nature lui a donné dans sa formation, il eût fallu que tous les corps qui s'y trouvent prissent une constitution différente de celle qu'ils ont reçue originairement. Quant à la formation de nouvelles mers & de nouveaux lacs, la chose est très-possible & très-conforme à l'expérience; je croirois donc plutôt qu'après cette grande inondation de la terre plusieurs grands morceaux ont été arrachés du continent, & ont formé de grandes isles qui en sont resté détachées. Comment décider si l'Angleterre n'a pas tenu avec la Hollande * ? Sans parler d'une infinité d'autres exemples, qui, quoiqu'ils ne s'expliquent que par de simples conjectures, en présentent de plus naturelles & de plus aisées à concevoir, qu'il ne le seroit de prétendre que la terre après le déluge fut remise dans le même état qu'elle étoit auparavant, ce qui n'est point à présumer à la suite d'une révolution aussi considérable.

* Il y a plus d'apparence que l'Angleterre a tenu avec la France. Voyez la *Dissertation sur l'ancienne jonction de l'Angleterre à la France*, par *M. Desmarest*. A Amiens & à Paris 1753.

III.

Examen du système de Burnet.

Ce Sçavant Physicien suppose que la terre primitive étoit sans montagnes, sans fleuves, sans mers, &c. il n'y pleuvoit point; toute l'eau étoit renfermée dans le sein de la terre, de même que le jaune d'un œuf dans sa coque. Selon cet Auteur, la croûte de la terre devint peu-à-peu si séche qu'elle s'entr'ouvrit, la masse d'eau qui y étoit contenue se répandit & acheva de briser son enveloppe extérieure; à la fin elle écroula, l'eau la couvrit & en détrempa un partie; elle se dissipa enfin, la terre resta à sec, il s'y forma des mers, des lacs, des rivieres, des fontaines, des montagnes & des plaines; par-tout il se produisit de nouvelles couches, & le globe changea de position.

Tout ce systême est fondé sur des suppositions gratuites. Lorsque Burnet prétend que la terre primitive étoit ſans mers & ſans rivieres ; il contredit toutes les notions que nous avons ſur les commencemens du monde. L'Ecriture Sainte ne parle-t-elle pas de quatre fleuves qui arroſoient le Paradis terreſtre ? Que ſeroient donc devenues les eaux, dont les parties de la terre qui formerent le continent, furent ſéparées par la création ? Il n'eſt gueres poſſible de croire qu'elles furent toutes renfermées dans le centre de la terre, attendu que ſi cela eût été, la partie intérieure du globe n'eut jamais pû ſe durcir, cela étoit pourtant néceſſaire pour que les eaux puſſent y être retenues. D'un autre côté, ſi l'intérieur de la terre ſe fût durci, il eſt très-certain que les eaux qui y étoient renfermées n'euſſent point été en état de la rompre ; il étoit donc encore moins poſſible qu'elle s'écroulât, parce que la ſolidité & la dureté de la partie intérieure du globe devoit empêcher que cela n'arrivât. Ne trouvera-t-on pas incroyable que Burnet attribue la formation des montagnes à ces maſses ainsi écroulées; les eaux contenues dans les plus grandes profondeurs, après s'être élevées au-dessus de la terre, couvrent toute sa surface, & se joignent à la pluie de quarante jours; cependant dans son systême on ne peut pas voir d'où a pû venir cette pluie, attendu qu'on sçait que la pluie est formée par les vapeurs qui s'élevent de la terre; si la terre étoit solide & compacte, comment les eaux souterreines auroient-elles pû s'évaporer? Il falloit que l'évaporation vînt des eaux renfermées dans l'intérieur de la terre, puisque, suivant son hypothèse, il n'y avoit ni fleuves ni rivieres à sa surface. Si on répond que ces eaux souterreines étoient disposées de maniere à pouvoir s'évaporer, les plus habiles Cosmologistes & Physiciens ont prouvé par des calculs que ces eaux auroient pû être évaporées en 406 ans, ce qui fait à peine le quart du tems qui s'écoula entre la création du monde & le déluge universel. Enfin où supposera-t-on que cette grande quantité d'eau eſt allée ſe rendre ? Elle n'a pû retourner dans l'abyſme d'où elle étoit ſortie, car par l'écroulement & l'affaiſſement de la terre, ce réſervoir a dû être entierement détruit, ou du moins devenir très-étroit & très-reſſerré. On ne peut point dire que tout fût porté dans la mer; car elle ne put recevoir de ces eaux que de quoi remplir ſon lit. Il faudroit ſuppoſer un tems trop long pour croire que le vent emporta ces eaux; il eût fallu encore plus de tems pour que l'humidité ſe diſſipât d'elle-même. On voit par-là que Burnet pour faire retirer les eaux de deſſus la terre, eſt obligé de recourir à des cauſes auſſi peu naturelles que celles qu'il a employées pour les y faire venir. Je ne veux point parler ici de la prétendue nutation ou du mouvement de libration du globe ni du changement ſurvenu à ſa forme, je laiſſerai aux Mathématiciens l'examen de ces queſtions qui ne ſont point de mon ſujet. Les rivieres & les ruiſſeaux que Burnet dit n'avoir été donnés à la terre qu'après le déluge, n'ont pas pû non plus contenir toutes les eaux qui avoient causé cette révolution. On peut juger par tout ce qui vient d'être dit, que Burnet a imaginé son systême sur le déluge, sans avoir connu la terre, & il ne s'est formé une idée de son état primitif, que sur ce qu'il a vû après que le déluge eût été passé. Whiston, Woodward & Burnet se sont trompés tous trois, en ce qu'ils ont attribué au déluge seul tous les changemens du globe. En voyant bien des choses qui ne pouvoient point s'accorder avec la description que Moyse donne de ce grand évenement, ils se trouverent forcés d'imaginer les systêmes qu'ils crurent les plus propres à concilier ces phénomenes avec l'Ecriture; il resta malgré cela encore un grand nombre de difficultés dont ils ne trouverent moyen de se débarrasser qu'en recourant à la toute-puissance du Créateur, ou en les passant entierement sous silence. Quelques Physiciens modernes apperçurent ces défauts, & voyant que l'on ne pouvoit point, comme a fait Buttner dans son *Rudera diluvii testes*, attribuer au déluge tous les changemens qu'on remarque sur la terre, ils examinerent la Nature avec plus de soin, & trouverent qu'indépendamment du déluge, il pouvoit s'être opéré une infinité de révolutions. Ils tâcherent donc de s'ouvrir d'autres routes & d'expliquer la maniere dont avoient pû se produire les changemens survenus à notre globe, par des causes particulieres à de certains pays. Je n'entrerai point dans le détail de tout ce qui a été fait dans ce genre; je m'arrêterai à deux Auteurs MM. Moro & Bertrand, parce que leurs systêmes rentrent dans la matiere que je traite, sur-tout à cause des vestiges de substances du regne animal & du regne végétal qui se trouvent dans les couches de la terre.

IV.

Examen du ſyſtême de M. Lazzaro Moro.

CET Auteur publia en 1740 à Veniſe un Ouvrage Italien, intitulé : *de Croſtacei e degli altri marini corpi che ſi trovano ſu' monti.* Il y traite des pétrifications, des empreintes, des coquilles, &c. qui ſe trouvent dans le ſein de la terre; il ſe ſert de ces choſes pour prouver la maniere dont ſe ſont opérés quelques changemens de notre globe.

Dans les vingt-ſix Chapitres qui forment la premiere Partie de l'Ouvrage de M. Moro, il expoſe & réfute les ſyſtêmes de Woodward, de Burnet & des autres ; & dans la ſeconde Partie il cherche à établir une nouvelle hypothèſe qui n'eſt point entierement à rejetter, quoique l'Auteur lui ait donné une étendue beaucoup trop grande. Avant que d'examiner cette ſeconde Partie, nous allons parcourir les trois derniers Chapitres de la premiere Partie, dans lesquels l'Auteur commence déja à donner une idée de son systême, après avoir réfuté ceux de Woodward & de Burnet. M. Moro fait voir dans les Chapitres 27, 28 & 29 du Livre I. que jamais la mer ne s'est élevée au-dessus des hautes montagnes pour y porter les corps marins qui s'y trouvent répandus; son plus grand embarras vient de ce qu'il ne sçait ce qu'a pû devenir une quantité d'eau aussi grande que celle qu'il falloit pour couvrir toute la terre jusqu'aux sommets des plus hautes montagnes : il dit que si on accordoit cette supposition, il faudroit nécessairement que tous les pays dans lesquels on trouve des corps marins au haut des montagnes eussent été anciennement inondés; je ne vois pas où seroit la difficulté de le croire, & comme cela suppose une quantité immense d'eau, il étoit facile à une masse aussi considérable de s'ouvrir un passage*.

* La terre étant supposée entierement

C'eſt ce qui eſt arrivé à la Mer noire & au détroit des Dardanelles près de Conſtantinople qui tient à cette mer. Les eaux en ſe retirant par la route qu'elles s'étoient ouverte, formerent de nouvelles mers, & par-là elles laiſſerent à ſec la terre qu'elles avoient inondée. Cela paroît d'autant plus vrai, que nous voyons encore de nos jours, que la mer engloutit des portions de continents, & met une grande étendue d'eau à leur place; on en a une preuve dans le Dollart *, dans le

couverte d'eau, on ne peut concevoir comment l'Auteur peut dire qu'elle *a pû s'ouvrir un paſſage*. La comparaiſon de la Mer noire n'eſt point juſte, attendu qu'il y a lieu de préſumer, qu'elle formoit anciennement un grand lac comme la mer Caſpienne, qui étant accrû par les rivieres qui vont s'y rendre, s'eſt ouvert un paſſage vers la Méditerranée en forçant le détroit des Dardanelles. Mais quand la terre eſt couverte d'eau, il n'y a point de paſſage à ouvrir.

* Terrein ſitué entre la Friſe occidentale & la Friſe orientale que les eaux de la mer ont ſubmergé, & d'où elles ne ſe ſont plus retirées.

pays des environs de Lima * & dans un grand nombre d'exemples récents. D'où a pû venir cette eau? ou la mer feroit-elle par-là devenue plus baffe? Il eft certain que les obfervations des Phyficiens modernes fur la diminution de la mer nous confirment dans l'idée que la mer fe retire dans certains endroits & y forme des continents, au lieu que dans d'autres endroits elle emporte une portion du continent & fe met à fa place. M. de Maillet, fous le nom de Telliamed, a prouvé cette vérité par un grand nombre d'obfervations remarquables, & M. Sulzer l'a encore démontrée d'une façon plus claire, dans fon Traité de l'*origine des Montagnes*. Outre cela le grand nombre de nouvelles ifles qui fe forment & qui faifoient autrefois partie du continent, comme M. Moro nous en donne plu-

* La mer a détruit la petite ville de Callao qui étoit à deux lieues de Lima, mais fes eaux fe font enfuite retirées, & le terrein n'eft point refté fubmergé comme le Dollart.

ſieurs exemples, & qui ſe produiſent ſans embraſemens ſouterreins & ſans volcans, doivent nous convaincre encore plus de cette vérité. L'expérience journaliere nous fait voir la même choſe; en effet les grandes & les petites inondations, les pluies d'orage, les digues entraînées ne prouvent-elles point que des inondations qui ſont très-petites, lorſqu'on les compare au déluge univerſel, ont aſſez de force pour produire de très-grands changemens ſur la portion de la terre ſur laquelle elles agiſſent? Cette grande quantité d'eau a dû auſſi trouver des endroits où elle pût ſe raſſembler après le déluge; en effet une partie s'eſt retirée dans les cavités de la terre, comme je le prouverai dans la IIIe. Section de cet ouvrage; ſans cela à quoi pourroit-on attribuer la formation d'un ſi grand nombre de grands lacs, d'étangs & de marais? Quant à la queſtion que M. Moro propoſe d'après Vallisnieri, la ſolution en eſt auſſi fort aiſée, en ſuppoſant l'intérieur de la terre rempli d'eau, ces deux Auteurs demandent: « Comment il a pû s'y exciter tant » d'embrasemens souterreins, & » comment ils auroient eu assez de » force pour faire sortir même du » fond de la mer un si grand nombre » d'isles » ? Cela nous fournit l'occasion d'examiner la seconde Partie de l'ouvrage de M. Moro, dans laquelle il expose son propre systême. Nous allons donner un précis de ce qui est contenu dans les 29 Chapitres qui la composent.

Il prétend que lorsque Dieu eût créé le globe, il étoit entierement environné d'eau douce; le second jour de la création, cette eau demeura profonde de 175 toises; la terre demeura ronde alors, & elle n'étoit composée que d'une croûte de pierre; mais avant que toutes les eaux en fussent séparées, l'intétérieur de la terre s'alluma & le feu souleva la surface pierreuse du globe, ce qui produisit des montagnes; une partie de ces montagnes s'entr'ouvrit & fut réduite en poussière & en fragmeets, ces matieres formerent de la terre, du sable, de l'argille, des métaux, des minéraux, &c. Il en tomba une partie dans l'eau qui se trouvoit encore sur la terre, une autre partie se répandit dans l'air, & causa ensuite le goût salé de ces eaux. Par les fortes & longues éruptions de ces montagnes, il s'amassa une si grande quantité de ces matieres, qu'elles s'éleverent au-dessus de la surface des eaux. L'embrasement continua à s'étendre & attaqua même les couches de la terre qu'il avoit lui-même formées, il en fit de nouvelles montagnes; ce sont celles qui ne sont composées que de couches ou de lits. Ces nouvelles montagnes conjointement avec les autres, vomirent encore plus de matieres, ce qui forma de nouvelles couches, cela produisit des isles & des presqu'isles; la terre ne produisoit point encore de plantes, l'eau devint de plus en plus salée, la dermiere terre qui fut jettée, étoit fertile & produisit des corps terrestres & marins. Lorsqu'il y eut ainsi de quoi nourrir les créatures, les animaux marins furent créés les premiers, une partie fut produite dans une terre molle, une partie dans le ſable, une partie dans l'argille, une partie dans la pierre. La terre deſſéchée ſe couvrit de plantes, & enfin elle fut habitée par les hommes & par les autres animaux. Il continua toujours à ſe former des volcans; par conſéquent le continent s'augmenta, & l'eau ſe trouva renfermée dans des bornes plus étroites; c'eſt par-là qu'elle a pû devenir auſſi chargée de ſel que nous la trouvons. Comme les dernieres montagnes n'étoient formées que de terre dans laquelle il ne ſe trouvoit plus de corps marins, elles ne purent point en apporter ſur la terre. Enfin, par la ſuite des tems les hommes imaginerent différens moyens pour reſſerrer encore de plus en plus la la mer dans des bornes plus étroites, & c'eſt à quoi ſervirent beaucoup une grande quantité de nouvelles iſles & de promontoires qui s'étoient formés. Pluſieurs endroits après avoir été mis à ſec, demeurerent long-tems au même état, ſans être recouverts par d'autres couches de terre, par-là ils produiſirent des plantes, des arbres & des animaux, qui paroiſſent être étrangers par rapport à nous, lorſque nous venons à les tirer du ſein de la terre. C'eſt dans cet état qu'eſt demeuré notre globe.

Voilà les principes de M. Moro que j'ai tâché de rendre preſque mot à mot, quoique je n'en donne que l'extrait. Mais en mettant tout préjugé à part, ne voit-on pas la confuſion & le peu de liaiſon de ces idées? elles s'accordent très-peu avec l'expérience & avec les obſervations faites ſur la Nature. Nous allons donc examiner ces propoſitions les unes après les autres, en faiſant d'abord remarquer que M. Moro, en donnant ſes idées, n'a eu en vûe que de confirmer ſon ſyſtême des volcans; & pour y réuſſir il a voulu que toute la Nature conſpirât à ſes vûes.

Il ſuppoſe d'abord que *la terre étoit dans ſon origine un corps ſolide, d'une figure ſphérique, & en-*

tierement environné d'eau douce. Il falloit néceſſairement que la terre fût ronde ; ſans cela comment auroit pû ſe faire le ſoulevement qui produiſit les montagnes ; il falloit qu'elle fût creuſe afin que le feu pût agir dans ſon intérieur ; il falloit qu'elle fût ſolide, afin que l'eau qui l'environnoit, ne pût pas pénétrer dans ſon intérieur. Il falloit que l'eau fût douce, afin qu'elle fût plus propre à ſe charger de particules ſalines & ſulfureuſes que les embraſemens de la terre répandoient dans l'air. Ne voit-on pas que M. Moro n'a ainſi formé ſon globe que pour le faire cadrer avec ſon hypothèſe & avec les corollaires qu'il en tire ? Mais quelle preuve donnera-t-on que la terre étoit ainſi conformée dans ſon origine, & au tems de la création ? Cette ſuppoſition n'eſt-elle pas entierement gratuite ? Perſonne ne peut nier que la terre ne ſoit ſortie des eaux ; mais il ne ſuit pas de-là que les veſtiges de changemens que nous remarquons ſur notre globe, que toutes les vallées, les montagnes &

les collines, ſoient redevables de leur exiſtence à la premiere formation de la terre & à ſon premier développement. D'ailleurs une infinité d'obſervations contrediſent ce ſentiment. Le même Auteur explique d'une façon tout auſſi peu ſatisfaiſante, la maniere dont la partie ſolide & ſeche a été ſéparée de la partie fluide, il va juſqu'à déterminer la hauteur dont l'eau douce étoit dans les commencemens au-deſſus de la terre, puiſque le ſecond jour de la création il dit qu'elle la ſurpaſſoit encore de 175 toiſes ou braſſes : il ne nous apprend pas non plus ce que cette eau eſt devenue. Il faut donc en conclure que l'Auteur a adopté aſſez légerement toutes ces opinions. Comment la terre eût-elle pû prendre une conſiſtence ſolide ſous une maſſe d'eau auſſi conſidérable que celle dont il l'environne ? & comment eût-il pû ſe former une croûte de pierre autour d'elle ? Comment prouver que l'eau avoit 175 toiſes de profondeur ? Sera-ce par la hauteur des montagnes les plus élevées ; mais de quel point l'Auteur pourra-t-il partir pour mesurer leur vraie hauteur, puisqu'il dit lui-même que les couches dont les plaines & les petites montagnes sont composées, ont été formées, ainsi que les hautes montagnes, par la terre qui fut vomie par les volcans? Comment peut-il sçavoir combien de centaines de toises en ont été remplies? Qu'est devenue l'eau dans cette occasion? Par la quantité de terre qui y a été jettée, elle a dû nécessairement s'élever. Elle ne peut point s'être rassemblée dans l'abysme; car, suivant sa remarque & celle de Vallisnieri, le feu, qu'on s'est donné tant de peines à y allumer, en eût été nécessairement éteint. Si cette eau eût été poussée vers le haut, elle eut été à la fin obligée de s'élever par-dessus le sommet des plus hautes montagnes. La preuve qu'il donne en rapportant les exemples de nouvelles isles dans la mer de Grece, de la nouvelle montagne qui se trouve près de Puzzolo, du mont Vésuve, de

l'Etna, &c. n'eſt point ſuffiſante. Perſonne ne peut nier ces faits, qui ſont fondés ſur des obſervations; mais un même effet peut être dû à pluſieurs cauſes. M. Moro ſe fait à lui-même l'objection qu'un cas particulier ne peut point faire une regle générale; mais la raiſon qu'il allegue pour ſe juſtifier, n'en eſt que plus mauvaiſe; il dit « Que la Na-
» ture agit toujours avec ſimplicité
» & uniformité, de ſorte que cha-
» que effet naturel qui s'opere d'u-
» ne certaine maniere & au moyen
» des agens néceſſaires, nous don-
» ne une aſſurance complette que la
» Nature ne s'eſt point ſervi an-
» térieurement d'autres voies pour
» produire les mêmes effets ». On aura de la peine à démontrer ce principe, & je vais prouver le contraire. Dans le troiſieme Chapitre du ſecond Livre, M. Moro dit que la nouvelle montagne qui ſe forma près de Puzzolo, combla entierement le lac Lucrin. Suivant les principes de notre Auteur, lorſqu'on voit qu'un lac qui étoit auparavant

rempli d'eau, eſt mis à ſec & eſt rempli par la terre, il faut croire que c'eſt un volcan qui a produit cet effet; mais ne voit-on pas ſouvent que des gouffres pleins d'eau, formés par des éboulemens de terres, ſe mettent à ſec lorſque les eaux ſe ſont ouvert un paſſage au travers des roches qui ſe trouvent au-deſſous, & qu'ils ſe rempliſſent & ſe mettent de niveau avec le reſte du terrein, par les végétaux pourris, & par les terres que les vents & les pluies y entraînent. Dira-t-on que ces effets ſont dûs aux volcans? Sans compter une infinité d'obſervations ſemblables; nous voyons que pluſieurs mines & ſurtout les mines de fer qui ne ſe trouvent point par filons, mais par couches, ſe reproduiſent dans l'eſpace de 50, 60 ou 100 années, elles rempliſſent de nouveau les trous d'où on avoit tiré de la terre, & forment des couches comme auparavant; dira-t-on que cet effet eſt dû à des volcans? Nous voyons que des choſes qui ont été anciennement profondément enfouies en terre, telles que ſont les urnes des anciens, ſont ſouvent découvertes par la charrue; eſt-ce un embraſement ſouterrein qui les a pouſſées juſqu'à la ſurface de la terre? Ces exemples ne prouvent-ils point que des phénomenes de la même nature, peuvent avoir des cauſes toutes différentes, & que par conſéquent il ne faut point les attribuer à une ſeule & unique cauſe? *

* Il n'eſt pas douteux que pluſieurs montagnes ſont redevables de leur formation aux feux ſouterreins; mais les grandes montagnes ou celles que M. Lehmann appelle *primitives*, ne ſont point dans ce cas. Les volcans ſuppoſent eux-mêmes des révolutions antérieures dans le globe; en effet, pour former ces embraſemens; il faut des matieres, non-ſeulement pour exciter, mais encore pour alimenter le feu, telles que les bitumes & ſur-tout les charbons de terre; or ces matieres ſont dûes à de grandes forêts qui n'ont pû être enfouies à une ſi grande profondeur que par des révolutions antérieures; l'on doit ſuppoſer qu'elles ont été très-conſidérables, & très-fréquentes, & vû la quantité immenſe de charbon de terre dont on trouve ſouvent pluſieurs couches les unes ſur les autres, il eſt vrai que les pyrites ſeules en ſe décompoſant, c'eſt-à-dire, le fer & le ſoufre peuvent

On prétend que la ſalure de la mer vient de ces mêmes embraſemens de la terre; mais je ne puis adopter ce principe comme général. Je n'ignore point ce que Valerius Cordus rapporte du lac ſalé qui ſe trouve dans le Comté de Mansfeld; il dit qu'il s'y forme tous les ſept ans une ouverture d'une grande profondeur, d'où il part une odeur de ſoufre & de bitume très-forte, qui fait mourir tous les poiſſons qui ſe trouvent dans ce lac; mais comme actuellement cet endroit ne préſente aucun de ces phénomenes, il faut regarder cette preuve comme très-foible & très-peu déciſive *. Il peut

exciter des embraſemens; mais ſans les alimens dont on vient de parler ces embraſemens ne ſeront que momentanés, & ne pourront point durer auſſi long-tems que l'expérience nous l'apprend.

* Le lac Quilotoa dans la province de Quito à l'oueſt de Latacunga a jetté des flammes. *Voyez le Voyage à l'Equateur de M. de la Condamine.* Les Mémoires de l'Académie des Sciences parlent d'un étang dont la ſurface prit feu lorſque des payſans allerent y pêcher la nuit avec des brandons de paille allumée.

bien

bien ſe faire que quelques eaux ſoient devenues ſalées de cette maniere, mais on ne peut point étendre cette regle à toutes les eaux ſalées : je ſerois plutôt tenté de croire que ce lac du pays de Mansfeld doit ſa ſalûre aux montagnes de pierres à chaux & aux mines de charbons de terre de Langbogen, de Beuchlitz, &c. qui ſont très-chargées de vitriol, & à l'ardoiſe cuivreuſe qui ſe trouve dans ſon voiſinage. Quand on ſçaura la facilité avec laquelle la Nature peut altérer les ſubſtances & les faire changer de nature à l'aide de l'*appropriation*, on pourra faire des réflexions ultérieures ſur cette matiere. Si ce lac ſalé devoit ſa qualité ſaline aux matieres vomies par les volcans, comment ſe trouveroit-il dans ſon voiſinage un lac & un grand nombre de ſources, dont l'eau eſt très-douce ? & pourquoi ces eaux qui en ſont ſi proches ne ſeroient-elles point chargées de ſels comme lui ? J'aurai occaſion d'en dire davantage là-deſſus dans les Sections IVe. & V^e^. Je me contenterai de demander ici pourquoi toutes les fontaines ſalées ne ſe trouvent jamais que dans la partie ſupérieure des montagnes qui ſont compoſées de couches, au lieu que les charbons de terre ſe rencontrent toujours au-deſſous ou dans la partie inférieure? enfin, pourquoi les ardoiſes & la pierre à chaux occupent-elles, toujours la partie du milieu de ces montagnes? Pourquoi l'enduit qui s'attache aux chaudieres des ſalines, eſt-il toujours une terre calcaire? Qui eſt-ce qui produit les incruſtations calcaires qui ſe forment autour des nids d'oiſeaux, & des fagots que l'on met dans les chambres graduées des ſalines? Pourquoi Stahl dit-il que la terre qui ſert de baſe au ſel marin eſt une terre calcaire? C'eſt une vérité qu'il a prouvée en différens endroits de ſes Ouvrages. Si nous conſidérons les ſubſtances qui ſont portées à la mer par les rivieres & les ruiſſeaux qui vont s'y rendre: ſi nous réfléchiſſons à la quantité prodigieuſe d'animaux, de poiſſons, de coquillages, &c.

qui y vivent & qui y meurent, & par conséquent qui y pourrissent & communiquent leurs parties à l'eau; si on fait attention aux changemens que la Nature peut à la longue opérer sur les corps; je crois qu'on ne sera point tenté d'attribuer la salure des eaux de la mer aux embrasemens de la terre. Outre cela M. Moro fournit lui-même des armes contre son systême, en disant que lorsque la terre fut habitée par les hommes & par les animaux, il y avoit encore des volcans qui vomissoient des matieres enflammées, & que quelques parties de la terre étoient embrasées. Si son principe étoit vrai, il faudroit que toutes les rivieres & toutes les fontaines qui devoient déja être sur la terre, fussent devenues salées par les parties subtiles & déliées que les embrasemens souterreins répandirent dans l'atmosphere; il faudroit aussi que même aujourd'hui toutes les rivieres & fontaines qui sont dans le voisinage des volcans, tels que le Vésuve & l'Etna, fussent salées, ce qui est pourtant contraire à l'expérience.

Suivant le même Auteur, les animaux marins ont été produits, soit dans la terre, soit dans les pierres, soit dans les eaux; mais on ne voit pas la raison qu'il a de prétendre que tous les animaux marins aient été produits dans la mer; & cette supposition est encore tout-à-fait gratuite, & il ne la fait que pour expliquer la grande quantité de pétrifications qu'il voit sur toute la terre. Nous indiquerons par la suite une voie plus courte & plus naturelle d'expliquer comment ces corps ont été portés sur le continent.

Enfin, notre Auteur dit que la terre se couvrit de plantes, & se remplit d'animaux dont l'espece a changé, & que nous regardons actuellement comme étrangers à nos climats. Mais on peut lui demander pourquoi la terre qui étoit alors capable de les produire & de les nourrir, n'a plus aujourd'hui la même faculté. * Ne voit-on pas que toutes ces raisons cherchées de si loin, & si contraires à la Nature, n'ont été imaginées que pour venir à l'appui de son système dont le but est d'attribuer aux feux souterreins tous les changemens survenus à la terre? Ainsi les preuves qu'il allegue se bornent à quelques phénomenes extraordinaires & particuliers, qui ne peuvent rien décider, & en général il me semble qu'il faudroit éviter de recourir au merveilleux lorsqu'on a des raisons simples & naturelles à alléguer. Nous aurons encore occasion de revenir au système de M. Moro en plusieurs endroits de cet Ouvrage.

* Voyez la Préface du Traducteur.

V.

Examen du syſtême de M. Bertrand.

NOUS avons déja rapporté le titre de l'Ouvrage de cet Auteur au commencement de cette ſeconde Partie, & nous avons déja donné un précis de ſes ſentimens, nous allons actuellement les examiner avec plus de détail. Cet Auteur prétend qu'il ne faut point attribuer au déluge tous les phénomenes qu'on lui attribue ordinairement; c'eſt pourquoi il dit à la page 97 que : « Notre globe depuis qu'il » eſt ſorti des mains du Créateur, » a ſubi pluſieurs changemens qui » ont eu différentes cauſes & di- » verſes époques; & comme il ne » faut pas confondre les phénome- » nes, auſſi faut-il diſtinguer les » cauſes & les tems. Il eſt d'abord » des phénomenes qui regardent » l'intérieur de la terre juſqu'à la » plus grande profondeur: comme » ils annoncent de l'arrangement,

» une formation réguliere, de l'u» niformité & des rapports géné» raux, c'est à la premiere création » qu'il faut les attribuer.

» Il y en a après ceux-là qui se » rapportent principalement à la sur» face & à une petite profondeur; » ils paroissent çà & là depuis le » haut des montagnes jusques dans » les plaines, ce sont des dépôts, » des couches de sable ou de li» mon, qui annoncent visiblement » un cours d'eau ou des déborde» mens; c'est dans un déluge uni» versel qu'il faut en chercher la » cause.

» Il en est enfin qu'on a obser» vés en divers lieux & à diver» ses profondeurs qui annoncent des » dérangemens particuliers & des » changemens successifs: c'est par » les divers accidens dont les exem» ples se renouvellent de tems en » tems, qu'il faut les expliquer ».

J'avoue que ce systême paroît assez spécieux & conforme à la Nature; cependant la vérité m'oblige à faire quelques observations sur ces trois principes, que l'Auteur a trop étendus. Il dit que plusieurs *choses doivent être attribuées à la premiere création* : il met dans ce nombre toutes les terres, les pierres, les métaux, les minéraux, & même toutes les pétrifications, quelque nom qu'on leur donne & à quelque regne qu'elles appartiennent; il croit qu'il n'y a que les coquilles, les os, &c. que l'on trouve dans le sable, dans la terre, dans le limon, &c. sans être altérés, qu'on doive attribuer au déluge universel; pour prouver ce qu'il avance, il dit que l'on rencontre dans la terre une trop grande quantité de ces corps pour qu'on puisse croire qu'ils ont été portés sur la terre par une inondation de la mer. Il expose ses doutes assez au long aux pages 23 & 24 de son Ouvrage; mais ces doutes ne doivent-ils pas disparoître quand on fait attention que le lit de la mer est entierement rempli de litophites, de coquilles, de crustacés & de plantes, qui par une inondation ou un soulevement général de la mer ont été portés sur la terre. On n'a qu'à considérer les effets d'une petite inondation, telle que celle que cause la rupture d'une digue qui retient un étang; on verra que les plus gros poissons sont entraînés par le courant des eaux; cependant une pareille inondation ne peut point être comparée à une inondation universelle, mais elle peut servir à prouver qu'il a été possible qu'une quantité prodigieuse de corps marins aient été soulevés & entraînés par le gonflement des eaux de la mer qui s'élevoient au-dessus de leurs bords, & aient pû se répandre sur des terres qui étoient seches auparavant. Cela est d'autant plus croyable, que des corps aussi légers que les coquilles, n'ont point pû résister à la violence des eaux. Ce qui prouve encore plus ce que j'avance, c'est qu'on trouve le plus ordinairement les petits corps marins ensemble, au lieu que les grands se trouvent plus isolés. * M. Bertrand

* Cette observation n'est point constan-

paroît surpris, page 24, qu'on ne rencontre jamais de grandes cornes d'Ammon parmi les petites que l'on trouve près de Bologne. Je n'ai rien à opposer à ce sentiment, sinon que plus ces animaux ont été petits, moins ils ont été en état de résister à l'impétuosité des eaux & à la force des courans: voilà pourquoi on ne trouve ensemble qu'une si petite quantité de grands morceaux de cette espece, au lieu qu'on trouve une quantité incroyable des petits. La raison pourquoi ces corps sont toujours ensemble dans le même endroit, c'est qu'ils ont exigé un même degré de force dans les eaux

te; il est certain que les corps marins les plus grands se trouvent confondus avec les plus petits, dans le sein de la terre; on en a plusieurs exemples dans un grand nombre d'amas de coquilles qui sont en France & ailleurs. De plus, ce que l'on a voulu faire passer pour de petites cornes d'Ammon n'en sont point. Ce sont plutôt des petites pierres lenticulaires dont il y a une grande quantité dans le voisinage de Bologne, & que l'on a mal-à-propos confondues avec les cornes d'Ammon.

pour être entraînés, & la même force qui a pû entraîner mille de ces corps, a pû aussi en entraîner un million de la même grandeur & du même poids. * Je ne sçache point que jamais on ait trouvé de pétrification ou d'empreinte d'une ba-

* On a observé dans les coquilles fossiles qui se trouvent dans le sein de la terre, qu'il y a de certains individus qui se rencontrent constamment ensemble, tandis que d'autres ne sont jamais dans les mêmes endroits; on trouve la même chose dans la mer, & que certains animaux testacés se tiennent constamment ensemble, de même que certaines plantes qui croissent toujours ensemble, à la surface de la terre. M. Rouelle, de l'Académie Royale des Sciences, est le premier qui ait fait cette observation. Il sera très-difficile de rendre raison de ce phénomene quand on voudra attribuer au déluge seul, la présence de tous les corps marins que nous trouvons dans le sein de la terre; mais il s'expliquera aisément lorsqu'on supposera que la terre que nous habitons aujourd'hui a été autrefois le fond de la mer, qui a été mis à sec par la nutation de l'axe, ce qui est le sentiment le plus probable. En effet, une inondation passagere, telle que celle du déluge, auroit dû mettre tout en désordre; cependant on ne voit point

leine ou d'un chien de mer ou de quelque grand poiſſon, même dans les plus grandes carrieres d'ardoiſe * ; il y a lieu de croire que cela vient, 1° de ce que ces animaux étant plus grands ont réſiſté plus fortement à la violence des eaux, & n'ont point pû par conſéquent être entraînés ſi avant dans les terres. 2° Il eſt aiſé de concevoir qu'auſſi-tôt que ces animaux ont vû que les eaux commençoient

de confuſion ; mais un ordre très-conſtant dans l'arrangement des coquilles qui ſe trouvent enſemble, au point qu'à la vûe de quelques-uns des individus d'un amas de coquilles, on peut juger de toutes celles qui doivent s'y rencontrer. C'eſt ce que M. Rouelle compte prouver dans un ouvage qu'il fait eſpérer depuis long-tems.

* On trouve aſſez fréquemment à Dax en Gaſcogne, au pied des Pyrénées, des oſſemens & des vertèbres d'une grandeur énorme ; quelques perſonnes les prennent, à cauſe de leur groſſeur, pour des os de baleine ; mais M. de Juſſieu les regarde plutôt comme les os du Garial ou d'un Crocodile de la même eſpéce que ceux qui trouvent dans le Gange. M. Adanſon, Auteur de l'*Hiſtoire Naturelle du Sénégal*, a trouvé à Mary, près de Meaux,

à se retirer, ils se sont retirés avec elles dans la mer. Au lieu que les coquillages, les crustacés & les petits poissons se sont tenus tranquillement au fond des eaux, comme nous voyons qu'ils font encore actuellement; & dans les tems d'orage ils se cachent dans la vase & le limon, ou bien ils s'attachent fortement aux rochers pour n'être point entraînés par les vagues; ainsi lorsque les eaux se sont retirées, ces corps sont restés dans les endroits où ils avoient été apportés; c'est ce qui fait qu'on les rencontre dans les endroits élevés aussi-bien que dans des lieux profonds, & même plutôt dans les premiers, attendu que, comme suivant Moyse, les eaux s'éleverent de 15 cou-

un os pierreux de la tête de l'Hippopotame. M. de Jussieu a vû près de Montpellier en Languedoc, des ossemens de poissons cétacés, d'une grandeur très-considérable, qui étoient mêlés avec des coquilles. Outre cela on rencontre assez souvent sous terre, des mâchoires, des mandibules, des palais, des dents, &c. qui ont visiblement appartenus à des poissons de la grande espece.

dées au-dessus des plus hautes montagnes, lorsqu'elles se retirerent elles durent aussi d'abord abandonner & mettre à sec le sommet de ces mêmes montagnes, & y laisser par conséquent la plus grande partie de ces corps & en déposer un plus grand nombre en de certains endroits que dans les plaines. Sur ce que j'ai dit, que les grands animaux de la mer ont eu le bonheur de rentrer dans leur séjour ordinaire, & que c'est pour cela qu'on ne les trouve ni pétrifiés ni en empreintes, M. Bertrand pourroit m'objecter qu'on trouve assez souvent des dents de grands poissons, telles que sont les glossopetres & les prétendues *chataignes pétrifiées* * dont parle Buttner; les unes & les autres sont des dents du chien de mer: mais n'a-t-il point pû arriver que ces animaux aient perdu leurs dents pour avoir été heurtés & poussés par la violence

* On entend communément par *chataignes pétrifiées*, des oursins pétrifiés ou des échinites; on ne sçait point ce que M. Buttner a voulu désigner par-là.

des eaux contre des rochers * ? Si on refufoit d'admettre cette explication, on pourroit conjecturer avec fondement qu'une partie de ces animaux a pû périr dans les eaux du déluge ; mais leur chair vifqueufe & leurs os fe font promptement pourris, de maniere qu'il n'eft refté que leurs dents qui étoient leurs parties les plus dures, ou bien leurs autres parties folides ont été portées ailleurs & y ont été pétrifiées ; cela a pû arriver de la même maniere que l'on trouve fouvent une grande quantité de pointes d'ourfins de mer pétrifiées fans y trouver l'ourfin lui-même, comme M. Bertrand le remarque à la page 29 ; mais cette regle n'eft point générale, attendu que l'on trouve en beaucoup d'endroits des pointes d'ourfins & des ourfins

* L'auteur a raifon de craindre qu'on ait de la peine à admettre cette explication, d'autant plus que l'on a trouvé fouvent non-feulement des dents, mais même des mâchoires entieres du chien de mer (*canis carcharias*).

pétrifiés dans le même terrein, comme cela m'eſt arrivé à moi-même & à d'autres Naturaliſtes de ce pays. M. Hoffmann dit auſſi avoir rencontré enſemble l'une & l'autre de ces choſes dans ſa deſcription du territoire de Plauen près de Dreſde, qui eſt inſérée dans le ſecond volume *des Mémoires ſur l'Hiſtoire de la Nature & des Arts*, aux pages 79 & 98.

M. Bertrand dit à la page 29 qu'il a obſervé que les coquilles d'huîtres pétrifiées ſont toujours changées en une pierre de la même nature que celles du rocher dans lequel elles ſe trouvent renfermées. C'eſt une nouvelle preuve en ma faveur, puiſque cela fait voir que d'abord ces huîtres ont été de vraies coquilles, que par le ſuite des tems elles ont été pénétrées par une matiere lapidifique, qui n'a pû tirer ſon origine que de la pierre ou de la terre qui étoit dans le voiſinage, & qui doit être par conſéquent de la même nature. J'ai, par exemple, une coquille d'huître changée en mine de fer, trouvée dans les mines de fer de Freyenwald qu'on exploitoit anciennement. On en trouve près de Nuremberg & en beaucoup d'autres endroits, qui sont remplies de pyrites. * Mais M. Bertrand tire de-là une conséquence qu'on ne peut point lui accorder, lorsqu'il dit à la page 91 : « Puisque tous les fossiles ou toutes les pierres figurées » sont toujours de la même matiere que les lits qui les renferment, » impregnées des mêmes sels que » l'on y voit dominer, remplies » des mêmes matieres minérales ou » métalliques qui s'y rencontrent; » nous avons droit de conclure » qu'elles sont de la même date, » qu'elles ont la même origine, » qu'elles ont été produites en même tems, ou qu'elles ont été pla-

* On trouve près de Rheims, des Echinites ou oursins ferrugineux qui sont au milieu de couches immenses de craye : comme ils sont pyriteux, ils se décomposent très-aisément à l'air; dira-t on que ces corps sont de la même nature que le terrein ou que les couches qui les renferment ?

» cées dans ces lits à leur forma-
» tion ».

Je vais donner le précis de cette conclusion de M. Bertrand, & voici ce qui en résultera. Tout ce qui se trouve dans un même endroit & est composé des mêmes principes, a été créé, formé ou placé en même tems dans cet endroit ; or, toutes les pétrifications sont d'une substance analogue aux couches de terre dans lesquelles elles se trouvent; donc, &c. D'abord la premiere partie de cette proposition demande à être prouvée, & en général on ne peut point du tout l'admettre: en effet ne voyons-nous pas tous les jours que la Nature dissout & décompose des corps pour en former de nouveaux qui n'ont aucuns rapports avec les premiers, & qui cependant dans leurs principes sont les mêmes. Ces transmutations d'un regne dans l'autre seront aisées à concevoir, si on fait attention que le regne végétal aussi-bien que le regne animal contiennent des substances qui sont entierement propres au regne minéral. La croiſſance des plantes & des arbres ne vient-elle pas de ce qu'ils ſe chargent des parties de la terre dans laquelle ils ſont placés ? Les animaux ne ſe nourriſſent-ils pas des végétaux ? Henckel dans ſon *Flora ſaturniſans* & dans ſes *Opuſcules Minéralogiques*, ainſi qu'en beaucoup d'autres endroits, a mis cette vérité dans tout ſon jour, & l'expérience journaliere nous ôte tous les moyens d'en douter. Mais ſi nous nous en tenons aux coquilles, il eſt certain qu'elles ont beaucoup d'analogie avec le regne minéral, même avant que d'avoir ſubi aucun changement, puiſque ces demeures qui ſervent aux animaux ſont formées d'une terre calcaire, & la Nature n'a pas beſoin d'un grand travail pour les altérer. C'eſt donc en demander trop que de prétendre que ces pétrifications ont été placées au moment de la création des couches, dans les endroits où on les rencontre. Je croirois plutôt que les changemens que les bois & les coquilles ſubiſſent dans le regne minéral ne sont dûs qu'aux sels qui se trouvent dans les couches de la terre, & à la terre déliée que ces sels contiennent. C'est pour cela que nous trouvons qu'elles sont pour la plûpart ou calcaires ou gypseuses; & nous sçavons que la chaux aussi-bien que le gypse, contiennent une terre subtile qui est combinée tantôt avec un sel acide, tantôt avec un sel alcali. Quant aux morceaux que l'on trouve minéralisés & métallisés, la chose deviendra plus claire lorsque nous considérerons que l'acide vitriolique peut agir très-aisément sur la terre des coquilles qui est calcaire, & la mettre en dissolution. Cet acide se trouve abondamment dans les pyrites qui sont sujettes à se décomposer, à tomber en efflorescence, & à se reproduire continuellement; voilà comment est arrivé le changement qu'on remarque dans les coquilles qui ont été changées en pyrite vitriolique jaune & en pyrite sulfureuse; sur quoi on peut consulter Henckel dans sa *Pyritologie*, Schwedenborg dans son *Opera mineralia de cupro*, ainsi que bien d'autres Auteurs. C'est le vitriol martial qui est contenu dans les mines de fer du voisinage, qui a changé en mine de fer les coquilles qui se trouvent à Freyenwald, & le bois ferrugineux d'Orbissau en Bohême. En un mot, leur terre est ordinairement calcaire, elle résiste plus ou moins au feu, cependant le miroir ardent est toujours en état de la convertir en chaux, comme M. Hoffmann le dit à la page 84 de l'Ouvrage que nous avons déja cité, où il rapporte l'expérience qu'il a faite sur un champignon de mer pétrifié, qu'il exposa au miroir ardent. Il se dépose aussi une terre calcaire de la même espece dans la partie spongieuse des ossemens des animaux pétrifiés, & elle s'y durcit; c'est ce qu'a très-bien remarqué M. Carl dans son Ouvrage intitulé, *Lapis Lydius ossium fossilium*.

Il paroît par ce qui vient d'être dit qu'il y a bien des objections fondées à faire contre la conséquence que tire M. Bertrand. On ne peut pas plus être de son avis lorsqu'il dit au même endroit : « Ensévelis, comme » ils le sont, ces corps, à des pro» fondeurs très-considérables dans » des lits entiers de roc ou de » marbre, on ne peut concevoir » aucun accident depuis la création » qui ait pû les porter & les as» sembler dans ces couches ». On pourroit être de son avis s'il étoit en état de prouver que ces roches & sur-tout le marbre, n'ont dû leur formation qu'à la création du monde.

Je ne vois pas non plus pourquoi M. Bertrand à la page 98 veut conclure d'une observation de M. Linnœus, du sentiment duquel il differe pourtant, qu'il faut que les coquillages qui s'attachent à une espece de *fucus* ou de plante marine appellée *sargasso*, & qui ont été portés avec lui vers le nord, aient été formés par la création. Ce fait est-il donc si étrange ? & ne voit-on pas que des coquillages s'attachent à des plantes marines ? Combien n'y a-t-il pas de *chênes de mer* auxquels on voit s'attacher différentes especes de coquilles ?

Plusieurs raisons prouvent clairement que les couches qui forment aujourd'hui des roches dures, du marbre, de la pierre à chaux, &c. ont été molles en partie dans les commencemens : en effet, 1° nous voyons tous les jours qu'il se forme des pierres dans le sein de la terre. Les galleries des mines abandonnées, tant de puits des mines, tant de grottes qui se remplissent d'incrustations, démontrent cette vérité ; ces incrustations n'acquierent que peu-à-peu leur dureté, & la matiere qui les forme étoit molle & fluide dans les commencemens. 2° Il faudroit refuser croyance à toute l'Histoire si on ne vouloit pas être persuadé qu'en plusieurs endroits d'où l'on a tiré anciennement des mines & sur-tout des mines de fer, elles se reproduisent au bout d'un certain tems. 3° L'expérience journaliere fait voir que les pierres à chaux & le grais ſe forment & s'augmentent. Mais il ſeroit trop long de vouloir rapporter ici la façon dont cela s'opere ; je renvoie donc le Lecteur au Traité de l'*Origine des pierres* de M. Henckel, inſéré dans ſes Opuſcules Minéralogiques. 4° Puiſque l'eau ſéjourna long-tems ſur la terre durant le deluge univerſel, non-ſeulement il eſt probable, mais même il eſt néceſſaire qu'elle ait détrempé la terre juſqu'à une profondeur conſidérable ; nous voyons à quel point une pluie douce qui ne dure que quelques jours eſt capable de détremper la terre. 5° D'où eſt-ce que M. Bertrand veut dériver la formation des couches, s'il ne veut pas admettre qu'elles aient été formées après la création par des inondations ou par des éboulemens de terre ? Dans l'un & l'autre de ces cas il faut qu'il convienne que ces couches ont été molles au commencement. Je ne puis m'empêcher de parler encore ici de la grande quantité de pétrifications qui ſe trouvent ſur-tout ſur les montagnes, quoique

j'en

j'en aie déja dit quelque chose au commencement.

M. Bertrand dit à la page 92 : « La » quantité immense de ces fossiles » qui se trouvent plus ordinaire- » ment dans les montagnes ; moins » souvent ou plutôt fort rarement » dans les plaines, prouvent, » ce semble, qu'ils ne viennent pas » de la mer, quoiqu'ils paroissent » ressembler à des corps marins ».

Il faut mettre de la différence entre les couches dans lesquelles ces corps se trouvent : en effet j'ai observé, 1° Que les coquilles se trouvent pour la plûpart dans les montagnes, & ces corps ne sont point à une profondeur considérable au-dessous de la premiere couche de terre dans la pierre à chaux. 2° Les poissons & les animaux terrestres sont placés à une plus grande profondeur, & ordinairement on les trouve dans de l'ardoise, & pétrifiés. 3° Les bois pétrifiés se trouvent encore plus profondément en terre.*

* Cette regle n'estp oint générale. Voyez la seconde des notes qui suivront.

4°. C'eſt à la profondeur la plus conſidérable que ſe trouvent les empreintes de plantes & de fleurs, & il n'y a pas long-tems que j'en ai rencontré à une profondeur perpendiculaire de 1440 pieds.

Pour rendre raiſon de ces diverſités, je ne puis que conjecturer que toutes les montagnes compoſées de couches, auſſi-bien que quelques-uns de leurs lits, n'ont été formés que très-long-tems après la création. En effet, ſi toutes ces couches des montagnes & ces éminences euſſent exiſté dès le commencement, on auroit autant de raiſon de demander pourquoi il n'y a point de pétrifications dans toutes les montagnes, que M. Bertrand en a de demander pourquoi ces corps ſe trouvent tantôt confuſément mêlés, & pourquoi tantôt on n'en trouve qu'une eſpéce raſſemblée. Je ſuis convaincu que toutes les couches n'ont été produites que par une grande inondation; l'expérience journaliere nous en fournit la preuve. Ne voyons-nous point les changemens étonnans que peut faire le débordement d'un lac de moyenne grandeur ? Il entraîne les digues qui l'arrêtoient & en emporte des fragmens considérables qu'il charrie en d'autres lieux, & par conséquent il forme une plaine dans un endroit, & une espéce de petite montagne ou de colline dans un autre. Si nous jugeons par une petite inondation de cette espéce d'une plus grande, on verra que ma conjecture n'est point trop hazardée, & que ce n'est point sans raison que j'ai dit que plusieurs de ces montagnes & collines ont été formées par le déluge universel & par les différentes couches de terre qu'il a entassées les unes sur les autres ; je mets dans ce nombre toutes les montagnes composées de couches ; & c'est avec raison que M. Henckel demande dans son *Flora saturnisans* : « Comment les eaux étendues, à la surface desquelles l'esprit de Dieu se reposoit, eussent-elles pû se tenir rassemblées & ne point se perdre dans les abysmes & les

» cavités de la terre, si l'intérieur » de la terre eût été conformé de » cette maniere, & rempli d'abysmes, de canaux, d'ouvertures & » de gouffres, tels que ceux que » nous sommes obligés de supposer avoir été au fond de la mer, » pour que les eaux allassent s'y » rendre & pour que les rivieres » & les sources allassent s'y jetter »?

J'attribue aussi au déluge universel la formation des montagnes où toutes les substances sont mêlées confusément ; la violence des eaux a entraîné dans un même endroit une grande quantité de pierres & les a recouvertes de limon, de plantes & d'animaux pourris, & a étendu le terreau ou *l'humus* par-dessus cette éminence formée de débris.

Ces témoignages semblent suffisamment confirmer mon sentiment ; mais il me paroît qu'il est très aisé d'expliquer pourquoi les pétrifications forment des couches si différentes. J'ai dit plus haut que les coquillages ne sont pour l'ordinaire que fort peu profondément en terre,

& qu'ils ſe trouvent communément dans le ſable & dans la pierre à chaux; la raiſon doit être cherchée dans les coquilles mêmes; ces corps ont dû ſe ſoutenir dans l'eau & à ſa ſurface plus long-tems que tous les autres, & quand elle eſt venue à ſe retirer ils ſont demeurés ſur le ſable qui eſt reſté & dans la terre graſſe qui avoit été dépoſée; ces ſubſtances ſe ſont durcies, & ont communiqué par la ſuite des tems, autant de leur terre ſubtile que ces corps ont été ſuſceptibles d'en recevoir; par-là ils ont été pétrifiés, & le ſable qui étoit auparavant ſpongieux, s'eſt durci avec la vaſe qui étoit mêlée avec lui.

On trouve les poiſſons & les animaux terreſtres à une plus grande profondeur, & dans de l'ardoiſe; l'on ne rencontre ordinairement que les empreintes des premiers, & ce n'eſt que les parties ſolides des derniers que l'on trouve pétrifiées. Il paroît certain que les animaux terreſtres ont été ſubmergés dès les commencemens de l'inondation, &

après que leurs cadavres ont été remplis d'eau, ils ſont tombés au fond & ſont reſtés dans la vaſe : quant aux poiſſons, on ſçait que les petits ſe cachent dans la vaſe dans les tems d'orage ; auſſi ces derniers y ſont ils demeurés ſur-tout lorſque les eaux ſe ſont retirées avec violence. Il n'y a que les parties ſolides des animaux terreſtres qui ſe ſoient pétrifiées *, & l'on ne trouve

* La plûpart des Naturaliſtes ne conviendront point de ce que l'Auteur avance ici ; en effet, il y a lieu de douter qu'on ait jamais trouvé de vrais oſſemens de quadrupédes pétrifiés ; il eſt très-vraiſemblable que ce qu'on a voulu faire paſſer pour des os d'animaux terreſtres pétrifiés, n'étoient que des os de grands poiſſons. Il ne s'agit ici que des oſſemens pétrifiés & non de ceux qui ſe trouvent ſimplement enfouis en terre, tels que ceux de Canſtadt dans le Duché de Wirtemberg, ceux d'Etampes ſur la route d'Orléans, ceux de la carriere de plâtre de Montmartre, &c. A l'égard de la prétendue *licorne foſſile* dont il eſt queſtion dans la *Protogée* de M. de Léibnitz, on aura de la peine à perſuader aux Naturaliſtes que ce ſoit autre choſe qu'une partie du ſquelete d'un Narwal.

que les empreintes des poissons dans l'ardoise, parce que leurs parties molles & charnues n'ont pas pû rester sans se corrompre, aussi long-tems qu'il eût été nécessaire pour que toutes leurs parties se changeassent en pierre; c'est pour cela qu'on ne rencontre ordinairement que les empreintes de leurs parties solides, telles que sont les nâgeoires, la queue, les écailles, les arrêtes, qui ont marqué leurs empreintes dans la vase que les eaux avoient déposée.

Il est encore plus aisé de comprendre pourquoi les bois pétrifiés sont à une profondeur plus grande que les autres substances. * Il n'est

* Ce que l'Auteur dit ici peut être vrai en de certains pays; mais il est constant que l'on a trouvé dans d'autres endroits des bois pétrifiés presque dès la surface de la terre; nous en avons plusieurs exemples; il n'y a pas long-tems qu'on a trouvé un très-grand arbre véritablement pétrifié près d'Etampes. On trouve aussi souvent du bois pétrifié dans les couches de coquilles fossiles des environs de Soissons. Près du lac de Loughneagh en Irlande, on trouve à peu de

pas douteux que les arbres furent arrachés & entraînés par la premiere violence des eaux & recouverts ensuite par les terres, les pierres & la vase; c'est pour cela qu'on rencontre assez souvent de grandes couches, &, pour ainsi dire, des forêts entieres d'arbres pétrifiés avec leurs racines, leurs troncs & leurs branches. Je ne m'arrêterai point à faire ici l'énumération des endroits où l'on en trouve des exemples, je renvoie le Lecteur au Chapitre XIII. du *Flora saturnisans* de Henckel. Les fleurs ont occupé les endroits les plus profonds des couches de la terre, parce que les premiers efforts des eaux les ont arrachées des montagnes; & de cette maniere elles ont été recouvertes successivement par les pierres, la vase, la terre, &c.

Ce qui précede suffit pour répondre à ce que M. Bertrand dit

profondeur en terre, du bois pétrifié, qui est très-remarquable par son arrangement. Voyez *Barton*, *Lectures in natural Phylosophy*.

à la page 100 : « Que le Créateur
» avoit créé dès le commencement
» les sels, les soufres, les bitumes,
» les minéraux, les métaux, les
» marcassites, les rocs, le sable, les
» terres, les pierres précieuses de
» plusieurs sortes, les pierres figu-
» rées de différentes formes, tout
» se trouvoit distribué avec sagesse
» & placé où il convenoit.

Je ne puis comprendre ce qui a pû faire naître cette idée, attendu qu'il y a une façon beaucoup plus naturelle & plus simple de concevoir la formation des pétrifications. Je ne parle ici que des corps qui ont une analogie parfaite avec les choses qu'ils représentent, & non de ceux qui n'ont qu'une ressemblance peu distincte, & dans lesquels on est obligé d'avoir recours à la force de l'imagination pour trouver cette ressemblance. Nous aurons occasion d'en dire davantage sur cette matiere.

A la page 103, M. Bertrand dit une chose qui sembleroit devoir appuyer son sentiment, si je n'étois en état de démontrer le contraire. Voici comment il parle. « Si la con- » formité exacte de quelques-uns » de ces fossiles avec les animaux » & les végétaux nous porte à » croire que ç'en sont en effet, » mais qu'ils ont changé de nature; » d'un autre côté, les efforts sou- » vent infructueux, qu'il faut faire » pour trouver les analogues de » plusieurs autres, doivent nous » faire trouver commode un systê- » me qui nous dispense de ces re- » cherches. On est même forcé d'a- » vouer qu'on ne connoît point & » qu'on n'a jamais vû divers co- » quillages dont on montre très- » communément les pétrifications ».

Je m'apperçois que l'Auteur dans ce qu'il dit a en vûe les cornes d'Ammon, les orthocératites, les poulettes ou anomies, &c. Il est vrai qu'on n'a point encore pû trouver les analogues vivans de ces coquilles dans la mer, ce qui pourroit faire pencher pour le sentiment de M. Bertrand; mais on voit pourtant clairement que ces pétrifications ont été des coquilles dans leur origine. J'ai déja dit plus haut que je possede moi-même une corne d'Ammon qui est encore revêtue de son écaille naturelle : M. d'Arnim en a une semblable dans son cabinet à Sucow dans la marche Ukérane ; ainsi que feu M. Beurer de Nuremberg & quelques autres. Je suis aussi en état de montrer des orthocératites assez grandes, avec leur écaille.

Quant aux Poulettes * ou Anomies

Note de l'Auteur.

* Puisque j'ai parlé ici des Poulettes ou Anomies, je me crois obligé de les décrire d'une maniere plus claire qu'on n'a fait jusqu'à présent, sur-tout attendu que je ne connois aucun Auteur qui en fasse mention, si l'on n'excepte M. Woltersdorf qui en parle dans son *Systema minerale* parmi les coquilles pétrifiées ; il dit qu'elle est ronde ou oblongue, & qu'elle a trois bosses ou élévations, & qu'elle ressemble en quelque façon à un scarabé, *conchites trilobus rotundus seu oblongus, tribus lobis distinctus, scarabœum quodammodo referens* ; en Allemand *Kæfer muscheln, coquille de scarabé.* M. Bromel dans sa *Minéralogie & Lithographie de*

elles sont extrêmement rares, cependant j'en possede une qui vient

Suede pages 76-81, désigne cette coquille sous le nom de *lapis insectifer*, ou de *lapis insectorum vaginipennium*. M. Mylius a trouvé depuis environ deux ans cette coquille pétrifiée chez M. d'Arnim à Suckow, où elle se rencontre çà & là, quoique rarement dans de la pierre à chaux. On peut voir sa forme dans la planche Ire ci jointe, figure A. Il y en a encore une espéce qu'on nomme en Allemand *seehaase* ou *lievre de mer*, qui est du même genre, elle est représentée dans la figure *B*. Je n'ai jamais trouvé l'une ou l'autre de ces pétrifications, sinon dans une pierre à chaux grise.

Puisque je suis tombé sur le chapitre des coquilles rares, je me flatte que mes Lecteurs ne seront point fâchés si je leur parle d'un phénomene qui ne se présente pas fort communément; c'est une orthocératite ou bélemnite renfermée dans un marbre brun; elle est représentée dans la planche Ire. figure C. On sçait combien il est rare de trouver des orthocératites entieres; ce morceau de marbre a été trouvé à Berlin, dans la glaisiere qui est devant la porte de Hall, & il a été poli, comme on fait le marbre: *a a a a* est la grandeur de ce morceau de marbre, c'est par hazard que l'ouvrier a rencontré précisément le milieu de la pierre, & a coupé l'orthocératite en deux parties égales,

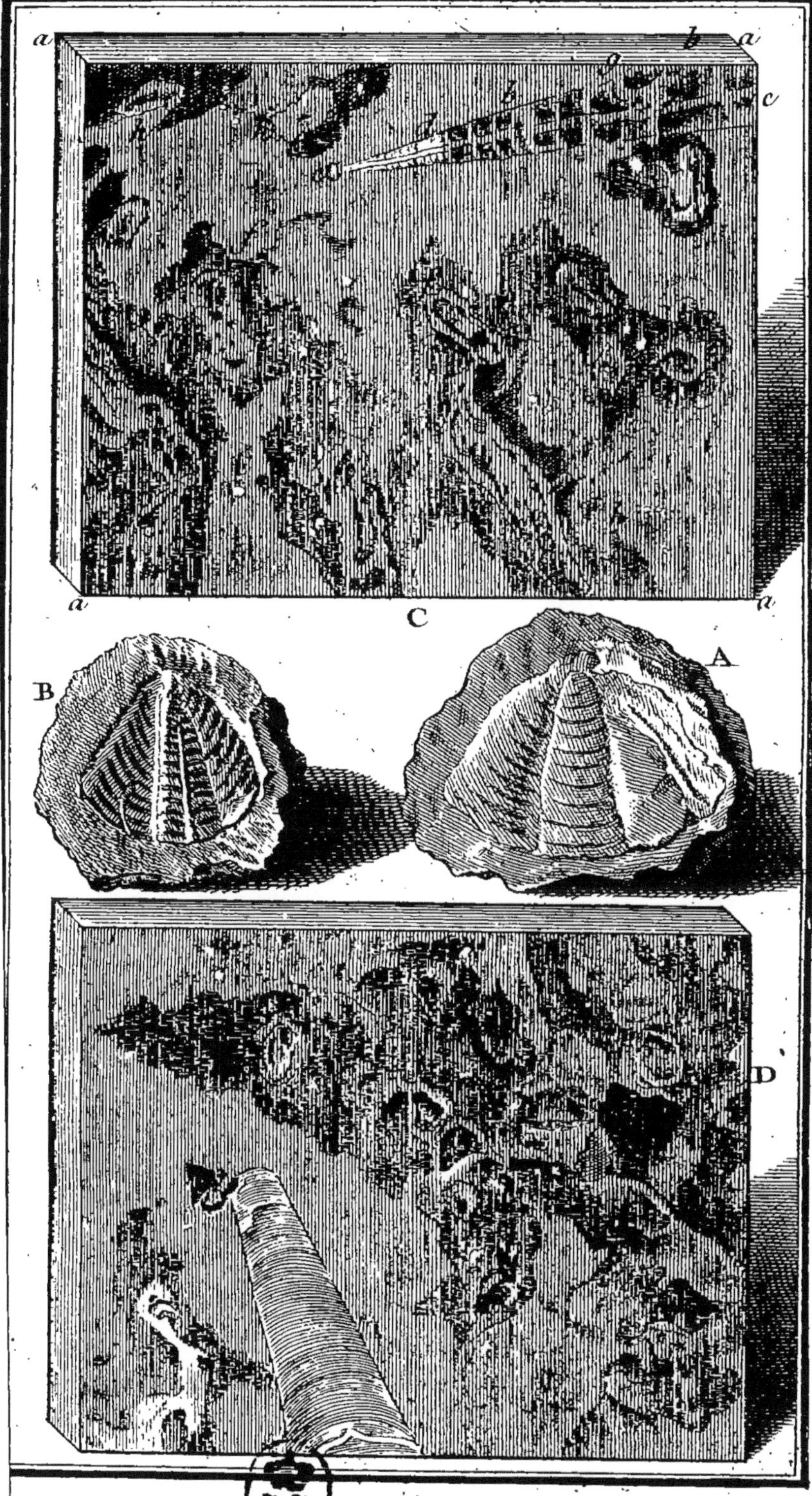

B.R

de Zehdenik dans la Nouvelle Marche de Brandebourg; on y voit

On voit ici sa longueur, on peut distinguer ses chambres; *cc*, marquent son tuyau intérieur: depuis sa base jusqu'en *d*, il est rempli d'un spath d'un brun pâle: depuis *d* jusqu'au sommet, ce spath est rougeâtre. Les chambres elles-mêmes depuis *a* jusqu'à *g* sont d'un brun foncé: depuis *g* jusqu'en *b* elles sont d'un brun clair: depuis *b* jusqu'en *g* elles redeviennent d'un brun foncé, & depuis *d* jusqu'à la pointe elles sont remplies de quartz. *ff*, sont des taches bleuâtres qui sont dans le marbre; *hh*, sont des taches jaunâtres ou isabelles. Ce qui est bien remarquable, c'est qu'on voit dans ce même morceau de marbre, un *polythalamium* ou coquille chambrée que l'on voit représenté dans la Pl. Ire fig. *D*. J'espere que le Lecteur sera bien aise de trouver ici ces figures qui sont propres à éclaircir cette matiere, surtout celle de l'anomie ou poulette.

Note du Traducteur.

L'Anomie ou Poulette que M. Lehmann décrit dans la note qui précede, n'est point absolument rare en France; il y en a plusieurs variétés: on en trouve en Normandie dans la carriere de Ranville, avec des coraux, des madrépores & d'autres corps marins pétrifiés. M. Rouelle en a trouvé une à Chaumont en Vexin, qui n'étoit point pétrifiée, mais dans son état encore une partie de la coquille. Si ces corps, comme bien d'autres substances, eussent été créés tels qu'on les trouve, d'où viendroit l'écaille de coquille qu'on y remarque? On ne pourra point éluder la difficulté en disant qu'on ignore dans quelle mer ces coquilles se rencontrent, attendu que l'Histoire Naturelle de la mer est une partie qui n'a été encore que très-peu cultivée.

On ne doit point non plus s'arrêter à ce que dit le même Auteur au même endroit, que: « L'état dans » lequel on trouve la plûpart de ces » corps, ou la matiere qui se trouve » ainsi figurée, annonce bien claire- » ment que ce ne furent jamais des » végétaux ou des animaux. C'est

naturel. Il y en a aussi de pétrifiées en quelques endroits de la Bourgogne. J'en ai vû une trouvée dans la Chine. M. de Jussieu m'a fait voir l'analogue vivant ou cette coquille non fossile; elle se trouve dans la mer Méditerranée près de Marseille. Il y a tout lieu de croire que l'*hystérolite* est une pierre moulée dans l'intérieur d'une coquille de cette espéce. Rosinus a appellé cette coquille *ostreopectinites ventricosus*.

» du roc, du marbre, de la pierre
» à fusil, des crystallisations, des
» marcassites, des métaux, des pier-
» res précieuses. Il est fort aisé de
» dire : Ce sont des animaux pé-
» trifiés, crystallisés ou métallisés,
» mais très-difficile de le conce-
» voir. » Je me flatte pourtant de l'avoir démontré jusqu'à un certain point, sans compter les preuves que plusieurs personnes plus habiles en ont données avant moi. Je consens à accorder à M. Bertrand ce qu'il dit un peu plus bas : *Que si la substance entiere du corps métamorphosé est pierre, marbre, marcassite ou métal, ce seroit une vraie transubstantiation.* Mais qu'auroit-t-il à répondre si on lui montroit les turbinites qui se trouvent à Reidersdorf à 3 lieues de Berlin ; extérieument elles sont très-peu altérées ; mais les spirales qui en forment l'intérieur sont remplies de petites crystallisations spathiques, sans qu'il y ait rien de changé à la structure extérieure. M. Bertrand objecte dans le paragraphe suivant, que l'on trou-

ve des bivalves fermées qui sont pétrifiées, & que cependant, quand on les ouvre, on y trouve de petits cryſtaux formés de la même ſubſtance dont eſt compoſée la couche de terre dans laquelle on les rencontre. Cela peut être, mais jamais on n'y trouvera de cryſtalliſation qui ne ſoit calcaire & ſpathique ; ce cryſtal eſt formé par l'eau qui pénétrant peu-à-peu la ſubſtance calcaire de la coquille, charrie avec elle la terre la plus ſubtile, & la porte dans ſon intérieur ; c'eſt de-là que naiſſent ces petits groupes de cryſtaux, attendu que toutes les cryſtalliſations doivent leur origine, comme on ſçait, à une terre ſubtile diſſoute ou atténuée par l'eau. Cet effet ſe produit encore plus aiſément quand il s'eſt fait auparavant une eſpéce de calcination douce de la coquille au ſoleil, après laquelle l'eau eſt en état d'agir plus promptement ſur cette terre calcaire. Que diroit M. Bertrand, ſi on lui montroit des cornes d'Ammon, ſur leſquelles on voit encore l'écaille naturelle, mais dont l'intérieur eſt rempli d'une terre calcaire qui n'eſt elle-même qu'un aſſemblage de petites coquilles, de cames, de patelles, &c ? Que diroit-il, ſi je lui faiſois voir un grand tuyau chambré (*polythalamium*) qui a un pouce & demi de diametre par ſa baſe, & dans l'intérieur duquel on trouve des turbinites, des cames, des patelles, & ſur-tout une coquille de celle qu'on nomme *perſpective*, déja pétrifiée ; je l'ai trouvé à Klinmutz, près de Zehdenick, à 6 lieues d'ici : cela prouve clairement que la terre calcaire, avant de remplir ces coquilles étoit molle & ſe trouvoit accidentellement remplie de ces petites coquilles. Il me ſemble du moins qu'il eſt beaucoup plus vraiſemblable de croire que ces corps ont été pétrifiés, que d'adopter le ſentiment de M. Bertrand, qui dit à la page 106 : « Y a-t-il » quelque choſe de déraiſonnable à » dire de Dieu, qu'il s'eſt plû, en » créant le monde, à le remplir » d'une multitude de corps infini-

» ment variés par leurs matieres & » par leurs formes ?

Ce ſentiment ne me paroît point entierement abſurde, il me ſemble ſeulement qu'il n'eſt point aſſez naturel, & qu'il eſt trop recherché : en effet, il paroît que dans la Phyſique, il eſt à propos de ne point recourir aux cauſes ſurnaturelles tant qu'on peut donner des explications raiſonnables, quand même elles ne ſeroient que fondées ſur des vraiſemblances. Il eſt preſque impoſſible d'être en cela du ſentiment de M. Bertrand, auſſi-bien que quand il dit à la page 108. « Que tous » ces corps ont été créés à la fois, » qu'ils étoient ſans vie ou ſans » mouvement, ſimplement figurés » comme les animaux & les végé- » taux le devoient être, qu'ils étoient » placés, ces corps, ou épars çà & » là ſur la terre & dans les eaux. » Quand il eſt dit des jours ſuivans » que Dieu forma alors ces ani- » maux ou ces végétaux, cela n'em- » porte que ces quatre choſes. 1° » Que Dieu raſſembla ceux d'en-

» tre ces corps d'animaux ou de » végétaux qui devoient recevoir » la vie & le mouvement, & qu'il les » plaça dans les lieux où ils de» voient vivre & végéter. 2° Qu'il » fit, quant à leur organisation inté» rieure, ce qui étoit nécessaire pour » qu'ils pussent participer à la vie. » 3° Qu'il donna le premier branle » à leur mouvement, ou la premiere » action à leurs ressorts pour les ani» mer. 4° Qu'il leur communiqua » la puissance de se conserver, de » se perpétuer & de se reprodui» re. » Toutes ces propositions sont difficiles à prouver, attendu qu'il est dangereux de se livrer à de simples conjectures, quand on a des manieres sûres d'expliquer les choses. Mais en supposant qu'on pût adopter ces idées, il s'ensuivroit : 1° Que tous ces corps ont dû être créés de maniere à se ressembler en tout, excepté dans la faculté de vivre. 2° Dieu auroit eu un double travail, celui de créer ces choses, & celui de les placer dans des endroits convenables, & celui de les animer. 3° Ces corps qui n'auroient point été animés, auroient encore dû être pétrifiés. Mais toutes ces difficultés disparoîtront si nous considérons que tout cela n'étoit point nécessaire, & que Dieu, dans le moment de la création, assigna sa place à chaque corps: cela paroît plus conforme à l'ordre qu'il a établi lui-même.

I. Je crois avoir prouvé par tout ce qui vient d'être dit, 1° Que les corps pétrifiés ont été dans l'origine, les choses dont ils ont encore la forme. 2° Que ces corps après leur création ont été portés par des révolutions extraordinaires, dans les endroits où ils ont éprouvé du changement. 3° Que l'altération qu'ils ont éprouvée est tout-à-fait naturelle. Je ne prétens pourtant point nier que l'imagination n'ait souvent beaucoup de part aux formes qu'on attribue à ces corps; mais toutes les pétrifications ne sont point dans ce cas. Je me flatte donc d'avoir suffisamment démontré que M. Bertrand se trompe, lorsqu'il croit que les coquilles pétrifiées & les autres corps ſemblables viennent généralement de la premiere formation & du débrouillement de la terre ; je ferai voir par la ſuite juſqu'où il peut avoir raiſon *.

II. Le même Auteur attribue d'autres phénomenes au déluge univerſel. Après avoir dit que tous ces changemens ſe ſont faits par la forte pluie, par l'affaiſſement du globe en de certains endroits, par l'éruption qui s'eſt faite ainſi des eaux ſouterreines, par le mêlange confus des corps de différentes eſpeces, occaſionné par ces révolutions ; il convient à la vérité que par-là pluſieurs plantes & animaux ont pû être portés dans le regne minéral ; mais il prétend que l'on ne peut mettre dans ce nombre que les corps qui n'ont point

* Il ſeroit encore plus naturel d'attribuer au déluge les coquilles & les corps marins qui ſe trouvent dans les montagnes, que de ſuppoſer que Dieu les y a créés dès l'origine du monde ; ce phénomene s'expliquera très-aiſément par le ſéjour de la mer ſur notre continent.

ſubi de changement ; il cite pour preuve le ſable des environs de Bologne qui eſt rempli de petites cornes d'Ammon. Je n'ai rien à remarquer là-deſſus, puiſque j'ai déja fait aſſez connoître ce qu'il falloit en penſer.

III. La troiſieme eſpéce de révolutions que la terre a éprouvées par la ſuite des tems n'eſt ſujette à aucun doute, puiſque nous en voyons tous les jours un grand nombre de preuves accompagnées d'effets ſouvent très-funeſtes. En général, je ſuis du ſentiment de M. Bertrand, à l'exception de ce qu'il dit des pétrifications & de leur origine ; & il me ſemble que ſes idées ſont plus conformes à la vérité, que toutes celles qui ont été rapportées juſqu'ici. Je vais actuellement donner en peu de mots mes idées ſur les révolutions arrivées à notre globe.

VI.

Sentiment de l'Auteur sur les révolutions de la terre.

PAR les révolutions de la terre, j'entends les évenemens & accidens arrivés au globe, par lesquels il a changé, soit pour la forme, soit pour sa nature, soit pour l'une & l'autre à la fois. Dans la premiere Partie de cet Ouvrage j'ai déja exposé mon sentiment sur la formation de la terre, & j'ai dit que c'est la séparation des parties solides d'avec les parties fluides, qui a produit la substance intérieure aussi-bien que la croûte de notre globe. J'ai dit au même endroit que la terre avoit eu des montagnes dès le commencement, & qu'elles ont été couvertes d'une terre fossile, aussi-bien que les vallées, & je crois que les choses sont demeurées dans cet état jusqu'à ce que le globe ait éprouvé la grande révolution que nous nommons le *déluge*.

Il peut se faire qu'il soit arrivé quelques révolutions particulieres, même avant celle du déluge; mais comme cela est incertain, attendu que les monumens historiques nous manquent; & comme nous ne sommes point assurés que ces révolutions aient été générales, il est juste que nous regardions le déluge comme la premiere, la principale & la plus universelle de ces révolutions. On ne peut donc point douter de la vérité du déluge de Moyse *; il ne s'agit plus que de sçavoir comment il est arrivé. Comme je ne suis point Astronome, je supposerai le systême de la comete de Whiston comme véritable: cela posé, il peut se faire qu'en approchant de la terre, elle ait contribué à fournir la masse d'eau qui couvrit toute sa surface; mais comme il ne m'appar-

* Il n'est point permis de douter de la vérité du déluge universel; mais rien n'empêche de douter que ce déluge soit la cause de toutes les altérations qu'a éprouvé notre globe. *Voyez la Préface du Traducteur.*

tient

tient pas de déterminer comment cette comete a pû se former, & comment elle a opéré, ou contribué à causer l'inondation de la terre; je me contenterai de dire qu'il est possible qu'elle se soit jointe à la pluie de quarante jours, au soulevement des eaux de la mer, à l'éruption des eaux souterreines pour contribuer à cette submersion générale, de même qu'il nous est impossible de rendre raison des météores, & d'expliquer pourquoi dans de certaines années, tantôt il tombe tant de pluie, tantôt on éprouve des hyvers si rigoureux, tantôt les saisons sont si tempérées, &c. De même, la cause physique du déluge universel, sera toujours pour nous une énigme inexplicable. Je persiste donc à croire que les changemens survenus à la terre, & dont nous voyons les traces, naissent de deux causes, & se sont opérés en différens tems. Ainsi je dis:

1° Que c'est le déluge qui a produit le changement le plus marqué sur la terre.

2° Que par divers accidens plusieurs autres changemens lui sont arrivés dans la suite.

Ainsi la premiere révolution a été faite par le moyen d'une quantité énorme d'eau qui a couvert toute la terre & altéré sa surface. Comme la terre est composée de parties fluides & de parties solides, & comme les dernieres sont de nature à être en partie solubles dans l'eau, & qu'une partie résiste à la dissolution, il est très-naturel & très-aisé de concevoir qu'une quantité d'eau aussi grande que celle qui couvrit alors la terre, ait mis en dissolution une grande partie de sa substance; cela arriva sur-tout dans les endroits où l'eau put agir avec le plus de violence, à quoi les montagnes donnerent lieu principalement. L'eau alla d'abord les frapper; mais comme par la suite elle passa par-dessus leurs sommets, elle acquit encore plus de force; elle les dépouilla de la plus grande partie de la terre fertile dont elles étoient couvertes. Lorsque l'eau se retira elle entraîna la terre, les plantes, les arbres, les animaux, &c. & à mesure qu'elle diminua, elle déposa peu-à-peu ces corps au pied des grandes montagnes; cela forma de nouvelles éminences qui furent composées de couches, dont la plûpart furent horisontales. La surface de la terre prit par-là une face toute nouvelle dans ces endroits: il y eut même certaines places dans son intérieur qui éprouverent du changement; en effet, quand les eaux eurent rencontré des terres & des pierres propres à être mises en dissolution, telles que les roches calcaires, elles agirent sur elles avec plus de force, eurent plus de facilité à les détremper & dissoudre & à les entraîner: cela produisit les cavernes, les grottes, les fentes des roches, &c. Les hautes montagnes furent dépouillées de leur terre fertile; voilà pourquoi nous ne voyons que des roches pelées & arides au sommet des plus hautes montagnes. Par la suite des tems les corps qui avoient été ensévelis sous les éminences nouvellement formées, subirent des changemens; une partie s'en corrompit, d'autres éprouverent des altérations ; c'est pour cela que nous trouvons quelques corps qui ont été pétrifiés, tels sont les arbres, les ossemens, les coquilles, &c. d'autres qui se sont détruits, mais qui ont laissé leurs empreintes dans le limon ou dans la vase ou terre grasse dans laquelle ils se sont trouvés avant qu'elle se fût durcie, tels sont les poissons, les crustacés, les plantes, les fleurs, &c. D'autres corps ont été pénétrés dans la suite des tems par quelques espéces de terres; tels sont les charbons de terre qui se trouvent abondamment en Angleterre, en France, en Allemagne, en Bohême, en Pologne, en Silésie, &c. D'autres ont été pénétrés par des substances minérales, telles sont les cornes d'Ammon, les bélemnites & d'autres corps semblables qu'on trouve chargés de pyrites. D'autres ont été changé en mines; telles sont les coquilles de Freyenwald qui ont été converties en mine de fer, le bois fossile d'Orbisseau en Bohême, qui s'est aussi changé en une mine de fer, &c. tandis qu'un grand nombre de ces corps ont été entiérement détruits & décomposés.

Ainsi le déluge universel a abbaissé les hautes montagnes, en a formé de toutes nouvelles, a produit des couches & des croûtes toutes particulieres sur la terre, a formé des plaines, des lacs & des rivieres, & par conséquent a changé extrêmement l'aspect de la surface de la terre. Cependant nous ne sommes pas pour cela autorisés à attribuer au déluge universel tous les changemens arrivés à notre globe : il lui est survenu depuis plusieurs autres changemens; mais ils n'ont point été si universels, & par conséquent ils n'ont point été si sensibles. Mais pour traiter cette matiere avec ordre, je suppose : 1° Que quelques-uns de ces changemens se sont opérés par les orages & les pluies. 2° Quelques-uns sont dûs aux débordemens de la mer & à sa retraite. 3° Quelques-uns ont été causés par les volcans ou montagnes qui jettent du feu.

I. Toutes ces causes ont en différens tems altéré la surface de la terre, & continuent encore à y produire des changemens. Pline rapporte plusieurs phénomenes dûs à la premiere de ces causes, & nous voyons encore tous les jours qu'elle produit de très-grands changemens sur les montagnes, sur-tout sur celles qui sont composées de pierre à chaux, de pierre à plâtre, de mines de fer, & de cuivre, &c. Ces sortes de montagnes qui renferment ordinairement une quantité d'eau très-considérable, se dissolvent peu-à-peu, les eaux se chargent d'une grande quantité de la terre qu'elles ont détrempée, elles l'entraînent souvent à une distance fort éloignée & vont la déposer ailleurs, c'est-là ce qui forme les tufs, les incrustations, les ocres, &c. Nous en avons des preuves dans la grotte de Baumann, dans celle de Schartzfeld *, dans presque toutes les eaux thermales & acidules, &c. Les vents orageux, en tâchant de s'ouvrir passage entre ces pierres disposées par lits, arrachent souvent des quartiers de roches qui pesent plus de cent quintaux & les font rouler dans les vallées des environs; la pluie les détrempe & les amollit de plus en plus, elle détache la matiere argilleuse & visqueuse qui lioit auparavant ces lits de pierres, & rend les pierres si spongieuses que par la succession des tems, les impressions du soleil, de l'air, des vents, peuvent achever de rompre leur liaison. Souvent il arrive qu'une pluie de longue durée pénetre par les fentes de la terre, se joint aux eaux renfermées dans son sein, détrempe & amollit les couches in-

* Ces deux grottes dont la premiere est située dans le voisinage de Goslar, & la seconde est pareillement dans le Hartz, sont fameuses par les incrustations & les stalactites singulieres qu'on y trouve, ainsi que par leur étendue.

térieures de pierres, au point qu'elles sont à la fin forcées de s'affaisser & d'écrouler avec le terrein, les les plantes, les arbres, les animaux qui sont au-dessus. C'est de cette maniere que souvent les cavernes & les précipices les plus profonds se comblent & se remplissent : les eaux qui y étoient contenues sont obligées de s'élever, elles cherchent un passage soit dans le voisinage, soit quelquefois à une distance assez considérable ; cela forme des sources qui coulent perpétuellement quand le réservoir intérieur a assez de débouchés, ou bien il se forme des sources qui ne fournissent de l'eau que périodiquement. Les grandes rivieres & les lacs débordent pendant les grandes pluies, leurs eaux renversent les digues qu'on leur oppose, elles inondent les campagnes, les couvrent de sable de coquilles, de pierres & de limon ; les fleuves quittent les lits qu'ils occupoient & prennent un cours différent : tous ces évenemens changent l'aspect extérieur de la terre, si ce n'est par-tout, du moins dans les endroits où ils se passent.

II. La mer sort aussi assez fréquemment de ses bornes. Les Observations rapportées par M. Sulzer dans son Traité de l'*Origine des Montagnes*, celles que l'Académie Royale de Suede a faites sur la diminution de la mer, & beaucoup d'autres nous prouvent les changemens que la terre en épouve encore tous les jours. Pusieurs terreins qui sans avoir de volcans sont arrachés au continent par les inondations de la mer, & qui vont former des isles; plusieurs pays & plusieurs villes entierement abysmées en Italie, en Amérique, en Poméranie; le Dollart qui s'est formé depuis peu d'années, sont des preuves très-claires de cette vérité, quoiqu'il n'y ait rien dans le voisinage qui puisse faire soupçonner la présence d'un volcan. Ne voit-on pas souvent que la mer agitée par une tempête couvre de sable une grande étendue de pays, il s'y amasse au point qu'à la fin il devient ſtérile & peu propre à l'agriculture. Le flux & le reflux de la mer cauſent de pareils changemens: en effet, pourquoi voyons-nous ſouvent que des endroits très-favorablement ſitués, ne ſont point propres à faire des ports de mer? Cela vient de ce qu'ils ſe rempliſſent de plus en plus de ſable: à meſure que ce ſable s'amaſſe & s'éleve, la mer ſe retire & diminue, & à la fin il y vient de l'herbe qui eſt produite par la vaſe qui eſt mêlée avec le ſable: par la ſucceſſion des âges il ſe forme de la terre ferme, des iſles ou des preſqu'iſles, ſuivant que la ſituation de la mer ou ſa violence le comportent. Comment pourroit-on dire que les embraſemens de la terre ſont cauſe de ces changemens. Pline, dans le II. Livre Chapitre 85 de ſon Hiſtoire Naturelle, après avoir parlé des tremblemens de terre & des changemens qu'ils produiſent ſur la terre, continue à dire que par la retraite de la mer il s'eſt formé bien des terres en différens endroits, des continens ſont devenus des iſles, des iſles ont été rejointes au continent ; d'autres ont été entierement englouties par la mer. On peut voir les exemples qu'il en rapporte dans les Chapitres 87, 88, 89, 90 du même Livre ; cependant il n'y eſt nullement queſtion de volcans ni de tremblemens de terre. M. Lazzaro Moro, dans le Chapitre 10 de ſon Ouvrage, conclut de-là que, puiſque la Nature ſuit toujours une route uniforme dans toutes ſes opérations, ces iſles & ces continens nouveaux ont dû être formés par des embraſemens ſouterreins, parce que, ſuivant le témoignage de quelques Anciens & de quelques Modernes, la choſe s'eſt quelqueſois faite de cette maniere. Il répete le même principe dans pluſieurs autres endroits de ſon Ouvrage. Mais les Obſervations les plus récentes faites en tant de pays différens, contrediſent ce ſentiment. Il s'appuie la plûpart du tems ſur des remarques qu'il a faites en Italie, en Afrique & dans d'autres pays ſemblables qui ſont remplis de volcans ; où la terre eſt preſque par-tout embraſée, & qui ſont ſous un climat très-chaud. La preuve qu'il tire du *Mundus ſubterraneus* du P. Kircher n'eſt point ſuffiſante, attendu que cet Auteur a ſuppoſé ſon monde creux à l'intérieur & rempli de feu ; opinion qui a été déja réfutée par Buttner, Blondel, & par beaucoup d'autres. On voit par-là qu'il eſt très-croyable & très conforme aux obſervations des Anciens & des Modernes, que la mer, ſans le ſecours des volcans & des feux ſouterreins, peut produire ſur la terre, les changemens dont on vient de parler ; le flux & le reflux, les tempêtes & d'autres accidens de cette nature, ſont les moyens dont la Nature ſe ſert pour les opérer. Des faits iſolés en faveur du contraire, ne donnent point le droit de les étendre à tous les cas ; & ſi dans l'antiquité l'on eût été auſſi attentif qu'aujourd'hui à remarquer les phénomenes de la Nature, il n'eſt pas douteux que l'on n'eût autant d'obſervations contraires au ſentiment de M. Moro, que cet Auteur en apporte pour appuyer ſes idées.

III. Les volcans ſont la troiſieme cauſe des changemens qui arrivent à notre globe. Les Hiſtoires tant anciennes que modernes ſont remplies d'exemples des grandes révolutions que ces montagnes embraſées ont cauſées ſur la terre. Les faits rapportés par M. Moro, Boccone, Pline, &c. les effets prodigieux que les feux ſouterreins ont produit dans pluſieurs cas, la plûpart des tremblemens de terre, leur doivent toute leur force, & une grande partie des ravages qu'ils cauſent, doivent être attribués à ces feux. La maniere dont ils agiſſent, conſiſte à conſumer de grands eſpaces dans les parties les plus profondes de la terre; par ce moyen ils la creuſent & la minent; le terrein qui eſt au-deſſus s'affaiſſe, & de cette maniere il ſe forme des cavités dans des endroits où il n'y en avoit point auparavant. L'embraſement des couches de terre remplies de naphte près d'Aſtrakan, le feu qui prend aux couches de charbon de terre, les endroits toujours fumans & brûlans de l'Italie nous préſentent des phénomenes de cette eſpece. M. Lerche nous a donné une deſcription du premier de ces phénomenes dans la dixieme Partie du ſecond volume de l'*Académie des mines de Saxe.* * Et nous avons un exem-

* Voici le paſſage entier que cite M. Lehmann. « Près de Baku qui eſt à trois » milles d'Aſtrakan, on puiſe du naphte » dans plus de vingt puits d'une grande » profondeur, & l'on en tire une ſi grande » quantité que le produit annuel monte à » plus de vingt mille roubles. (cent mille » livres). On brûle ce naphte dans les » lampes & dans les égliſes, & on s'en » ſert au lieu de bois; pour cet effet, on » jette deux ou trois poignées de terre » dans l'âtre de la cheminée, on verſe du » naphte par-deſſus, on l'allume avec du » papier, & ſur le champ il donne une » flamme très-vive & qui fait bouillir l'eau » beaucoup plus promptement que du bois: » plus on remue la terre qui a été imbi» bée de ce naphte, plus elle brûle avec » vivacité. L'odeur & la fumée qui en par» tent ſont très-déſagréables, les maiſons

ple funeſte du ſecond dans les mines de charbons de terre de Wettin & de Zwickau, &c. Quant aux derniers phénomenes, Boccone les a décrits dans ſon *Muſeo di Fiſica è di Eſperienſe* dans ſa XXXe. Obſervation; en parlant de ce que les Siciliens nomment *Malacubi*, il dit que près d'Agrigente, de Modene, des mines de Perugia à Malte, &c. il y a des endroits qui ſont dans dans un tremblement perpétuel, qu'il en part de la fumée, des flammes & des exhalaiſons ſulfureuſes.

Il dit: « Que ces endroits ſont » des eſpaces de terrein qui ſont » dans un mouvement perpétuel » d'effervefcence & de gonflement, » de maniere que leur ſurface pa» roît toujours agitée, & ſouvent » il s'y forme de petites éminences » d'une coudée de hauteur, qui après » s'être élevées, s'entr'ouvrent, s'af-

» en ſont entiérement noircies; cepen» dant le goût ne ſe communique point aux » alimens qui ont été préparés de cette » maniere. Il n'y a point de bois dans les » environs de Baku, &c. ».

» faissent ensuite, & forment en-
» fin une ouverture d'où il sort une
» eau trouble mêlée de beaucoup
» de limon, & il en part une odeur
» de soufre très-forte. Au milieu
» de chacune de ces éminences,
» lorsqu'elles se sont affaissées, on
» voit des ouvertures profondes qui
» qui semblent communiquer jus-
» qu'au centre de la terre : les
» paysans du voisinage s'amusent
» souvent à y jetter des perches qui
» après y être restées quelque tems,
» sont renvoyées en l'air comme
» une fléche, & repoussées comme
» par un vent violent. Ces éminen-
» ces sont environ à 6 ou 7 pieds
» les unes des autres. Elles se re-
» ferment dans l'espace de deux ou
» trois ans, & vont se reproduire
» en d'autres endroits. Le terrein
» où se forment ces *Malacubi* ou
» embrasemens, est si sec qu'on n'y
» voit aucune plante. » Le même
Auteur dit que la même chose se
voit dans des isles qui sont auprès
de celle de Malte ; une chose très-
remarquable, c'est qu'il ajoute qu'on

trouve dans les environs beaucoup de coquilles pétrifiées, des glossopetres, &c.

Je ne m'arrêterai point à parler de beaucoup d'autres phénomenes rapportés par plusieurs Naturalistes, qui nous prouvent que dans les tems les plus reculés, ainsi que les plus récens, il s'opere des changemens sur notre globe. J'espere que ce que j'ai dit suffira pour constater cette vérité. Je pourrois encore citer un graud nombre d'exemples des changemens survenus à différens endroits particuliers de la terre, telles que les grandes éruptions d'eau dans les souterreins de certaines mines, l'affaissement d'une montagne près du bourg de Pleurs * en Suisse, &c. mais comme ces évene-

* Pleurs étoit un bourg considérable du pays des Grisons, qui s'abysma tout d'un coup en 1618, il se forma un lac à l'endroit où il étoit auparavant. On y faisoit beaucoup de poteries avec une espéce depierre ollaire qu'on nomme *Lavezze*; il paroît que le désastre de Pleurs est venu de ce qu'on avoit trop creusé le terrein sur lequel ce bourg étoit soutenu, pour en tirer cette pierre.

mens ſont plutôt dûs à l'art des hommes qu'à la Nature, ils ne ſont point proprement de mon ſujet.

Puiſque la terre a éprouvé & éprouve encore tous les jours tant de changemens différens, il ſuit naturellement de-là qu'il a dû ſe former différentes montagnes ſur la ſurface du globe. Nous allons examiner la maniere dont cela a pû arriver.

SECTION III.

Des Montagnes.

LES Montagnes ſont des élévations de la terre de différentes hauteurs, dont quelques-unes ſont compoſées de parties dures, ſolides & pierreuſes; d'autres ſont compoſées ſeulement de parties terreuſes; quelques-unes ont été créées en même tems que la terre, d'autres ont été formées par des accidens ou par des évenemens qui ont eu lieu en différens tems.

J'ai déja fait voir dans la premiere Partie de cet Ouvrage que pluſieurs montagnes ont été créées en même tems que la terre, & j'ai prouvé que dès les commencemens du monde, ces montagnes étoient auſſi néceſſaires qu'à préſent. J'ai dit qu'elles étoient alors dans un autre état que celui où nous les voyons aujourd'hui. Elles étoient, comme on on a dit, couvertes d'une terre fertile ainſi que les plaines; elles étoient remplies de métaux & de minéraux: en un mot, leur intérieur étoit tel que nous le trouvons actuellement pour les choſes principales, car les changemens particuliers qui ont pû ſurvenir par la ſuite des tems, & qui s'y operent encore tous les jours, ne ſont point actuellement de mon ſujet, mais ils appartiennent au ſyſtême entier de l'univers & au cercle perpétuel que la Nature ſuit en compoſant des corps, en les décompoſant enſuite pour en former de nouveaux, & tiennent au travail de la formation & de la deſtruction, dont elle eſt continuellement occupée.

J'ai dit auſſi dans la ſeconde Partie de ce Traité, qu'il s'eſt formé de nouvelles montagnes par les révolutions arrivées à la terre, & qu'il pouvoit encore s'en former tous les jours. En ſuppoſant ces principes, on verra qu'il n'y a rien de plus naturel que de partager toutes les montagnes en trois claſſes. La premiere classe sera celle des montagnes qui ont été formées avec le monde. La seconde sera celle des montagnes qui ont été formées par une révolution générale qui s'est fait sentir à tout le globe. La troisieme classe, enfin, sera celle des montagnes qui doivent leur formation à des accidens particuliers ou à des révolutions locales. Je vais examiner dans cette Partie les montagnes de la premiere classe; ce sont les montagnes élevées, dont quelques-unes se trouvent isolées dans des plaines; mais qui, le plus ordinairement suivent une longue chaîne & traversent des parties considérables de la terre. Elles different des montagnes de la seconde classe, 1° Par leur élévation & par leur grandeur qui surpassent celles de toutes les autres. 2° Par leur structure intérieure. 3° Par les substances minérales qui s'y trouvent.

Nous allons parcourir les unes après les autres toutes ces différences. Pour ce qui est de la hauteur de ces montagnes elle est beaucoup plus confidérable que celle des autres; on peut mettre dans ce nombre toutes les hautes montagnes qui font répandues fur la furface de la terre, telles font en Allemagne, le Fichtelberg ou mont des Pins en Franconie fur les confins de la Bohême, le Riefemberg ou mont des Géants, qui fépare la Bohême de la Siléfie, les montagnes de Saxe, celles du Hartz, du Tirol & une infinité d'autres. * Il s'en trouve de cette claffe dans les autres contrées de l'Europe & dans toutes les quatre parties du monde; ces montagnes varient pour la hauteur, & je ne m'arrêterai point ici à en donner des defcriptions d'après les Géographes; il fuffit de dire que le caractere qui les diftingue eft leur prodigieufe élévation qui fait qu'el-

* L'Auteur auroit pû ajouter ici les Alpes & les Pyrénées, en Europe; les monts Ryphées, le Caucafe, &c. en Afie; le mont Atlas en Afrique; & fur-tout les Cordilieres du Pérou, qui font les montagnes les plus hautes du monde, & en comparaifon defquelles toutes les autres ne font que des collines.

les surpassent les autres de beaucoup. Il seroit difficile de déterminer ce qui a pû dès les commencemens mettre cette différence qui est entre-elles pour la hauteur; mais ce qui mérite d'être observé, c'est que les montagnes de cette espéce tiennent communément par une chaine les unes aux antres, & se trouvent rarement seules ou détachées ; c'est ainsi qu'on voit des chaînes de montagnes dans les Alpes, dans les monts des Géants, les monts Carpatiens, les monts Appennins; & même le mont Bructére, appellé en Allemand *Blocksberg* *, n'est pas beaucoup plus élevé que tous ceux qui l'environnent, quoique de loin il semble les surpasser considérablement. Il en est de même de plusieurs autres montagnes. Quelque attention que j'aie apportée, je n'ai jamais trouvé que les montagnes de la seconde & de la troisieme clas-

* Cette montagne est située dans le Hartz, entre Osterode & Wernigerode, dans la Principauté de Blankenbourg, au nord de celle de Halberstadt.

se fussent de la même hauteur, lors même qu'elles vont toujours en s'élevant dans l'espace de deux ou trois milles ou lieues d'Allemagne. Il n'en est pas moins certain, comme j'ai dit dans la seconde Partie de cet Ouvrage, que toutes ces montagnes ont perdu & perdent encore journellement de leur hauteur, soit par le déluge universel, soit par des inondations ou révolutions particulieres; c'est ce que dit aussi Boccone dans son *Museo di Fisica è di Esperiense* page 8. « On sçait, » dit-il, à n'en pouvoir douter, que » le sommet de l'Etna s'est abbaissé; car il y a 30 ans qu'on appercevoit sa pointe à Terra di » Furnari & dans d'autres lieux » d'où aujourd'hui, en se mettant » dans la même place, on n'en voit » plus la moindre chose. On a aussi » observé que la cime du Vésuve » s'est pareillement abbaissée, & souffre des changemens perpétuels.

La pente qui conduit au haut de ces montagnes élevées, est entierement différente de la pente qui mene

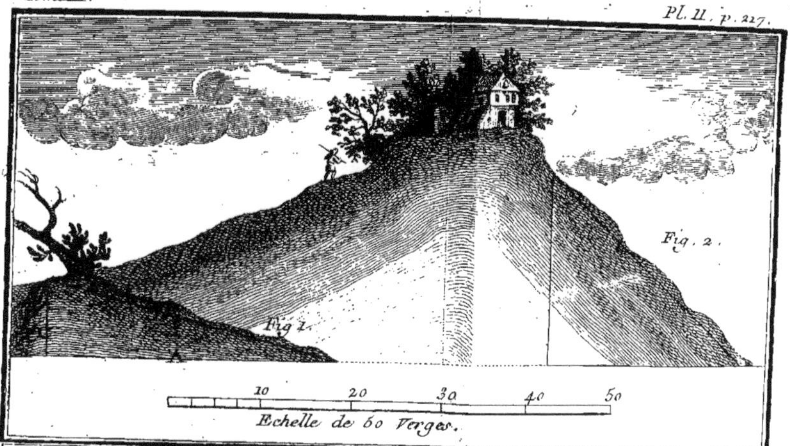

Fig. 2.

Fig. 1.

A

10 20 30 40 50

Echelle de 60 Verges.

pag. 222.

Fig. 3.

A

C

B

D

B.R.

mene à celles dont j'attribue la formation aux révolutions ſurvenues à la terre. Les montagnes primitives s'élevent très-bruſquement & dans un eſpace très-court à une hauteur prodigieuſe, & qui ſurpaſſe de beaucoup celles où parviennent les autres montagnes, quoiqu'elles aient beaucoup plus de pente. La Planche II. ci-jointe rendra la choſe ſenſible. La figure 1. en *A* marque la baſe qu'on ſuppoſera de 32 ½ toiſes, ou verges; *B*, marque l'inclinaiſon ou la pente douce d'une montagne compoſée de couches, ou d'une montagne formée par les révolutions du globe; malgré la longueur de cette pente, la hauteur perpendiculaire ne ſera que de neuf toiſes, & même dans pluſieurs de ces montagnes elle ne ſera pas ſi grande. Si au contraire on examine la pente ou la façon dont s'éleve une montagne du premier ordre, telle que celle qui eſt repréſentée dans la figure 2, & qu'on prenne cette même baſe de 32 ½ toiſes, nous verrons ſouvent que ſur une pente de 43 toiſes en montant, on aura une perpendiculaire de 28 toiſes. Je ne cite ces exemples que pour rendre la choſe ſenſible au Lecteur. Un peu d'expérience & de connoiſſance des ſouterreins des mines rendront encore cette vérité plus claire. Si je deſcends dans une gallerie de mine à filons, pratiquée dans le ſein d'une montagne, ſouvent ſur une longueur de 100 toiſes, elle aura 20, 30 & même 40 toiſes de perpendiculaire, au lieu qu'une gallerie pareillement de 100 toiſes, faite ſur des mines qui ſont par couches ou par lits, tels qu'on trouve ordinairement les charbons de terre, les ardoiſes, &c. aura à peine 10, 12, 15 ou 20 toiſes de perpendiculaire. Ainſi les mines de cette derniere eſpéce ont communément une pente plus douce, au lieu que les mines par filons ont une pente beaucoup plus roide. Encore une circonſtance principale des montagnes primitives, c'eſt qu'elles ſont environnées de toutes parts de montagnes formées de couches;

je dirai la raiſon de ce phénomene dans la ſuite, en parlant des montagnes qui ſont par couches. Je me flatte qu'on ne trouvera point étrange ſi je dis que les montagnes qui ont été créées avec la terre ſont environnées de montagnes compoſées de couches; car lorſque je parle de ces dernieres, j'entends par-là les montagnes qui s'élevent ſelon une pente douce & qui ſont formées par un aſſemblage de lits placés les uns ſur les autres. Il n'eſt point encore de mon ſujet de ſçavoir ſi ces couches ou lits contiennent des minéraux ou non; d'ailleurs cela n'eſt qu'accidentel & n'eſt point de l'eſſence de ces couches, comme je le prouverai par la ſuite.

Ces montagnes primitives ſe diſtinguent encore de celles qui ſont d'une formation plus récente, en ce qu'elles ont auprès d'elles des vallées plus profondes que les dernieres. On m'objectera peut-être que cela eſt très-naturel, & que puiſque ces montagnes ſont fort élevées, il faut néceſſairement que les espaces qui se trouvent entre-elles soient extrêmement profonds; mais ne voit-on pas que ces vallées profondes n'existoient point dès le commencement, & qu'elles n'ont été formées que par le déluge universel ou par des inondations particulieres qui ont arraché le terrein intermédiaire & ont creusé ces cavités. Pour prouver ce que j'avance, je n'aurois qu'à en appeller à l'expérience journaliere; en effet, les pluies d'orage forment tous les ans des creux & des ravins considérables en différens endroits; mais remontons un peu vers des tems plus reculés; ne trouvons-nous point entre les plus grandes montagnes remplies de minéraux des terreins de peu d'étendue, qui cependant nous présentent de très-belles pétrifications, mais qui ne sont qu'à leur surface? D'où peuvent venir ces corps pétrifiés, sinon du déluge universel? Tant que les eaux ont été dans toute leur force, & ont surpassé la cime des plus hautes montagnes, elles ont pénétré par-tout, & se sont ouvert des routes pour aller dans les plaines; leur impétuosité étoit augmentée par la résistance que ces montages leur présentoient dans leur passage pour se rendre dans les vallées, & leur force fut entretenue par-là, jusqu'à ce qu'elles eussent abandonné les sommets. Souvent il arriva qu'elles se glisserent entre plusieurs de ces montagnes qu'elles ne purent point entraîner, ni passer au travers, parce que la terre qui les couvroit avoit déja été emportée; mais leur intérieur ou leur noyau étoit une roche très-solide & très-dure, & par conséquent capable de résister à la violence des eaux. Ainsi ces eaux ne purent s'écouler que peu-à-peu, & elles s'en allerent dans la suite des tems par des fentes étroites & presque imperceptibles. Les coquilles & les autres corps que ces eaux contenoient, demeurerent à la surface, ils furent par la suite pénétrés par une terre qui se durcit & forma de la pierre. D'autres eaux resterent; l'air & le vent les dissipa peu-à-peu, leur limon ſe dépoſa, & comme les eaux de pluie, ou de neige ou des roſées qui vinrent s'y joindre, ne purent ni s'écouler du haut des montagnes, ni paſſer par-deſſous la terre, à cauſe des couches épaiſſes de glaiſe; par la pourriture des végétaux, qui crûrent dans ces endroits, il ſe forma des couches de tourbes telles qu'on en voit un exemple ſur le mont Bructere au Hartz. La figure 3 de la Planche II. rendra plus ſenſible ce que je dis; *A* & *B*, ſont deux hautes montagnes qui ſont liées enſemble ou qui ſe communiquent par derriere la montagne *C* qui eſt devant elles; cette communication eſt marquée par la ligne ponctuée *D*. Lorſque les eaux ne furent plus de niveau avec les ſommets des montagnes *A*, *B*, *C*, elles ne purent point ſe faire un paſſage à cauſe de la ſolidité du roc, ainſi elles demeurerent dans l'eſpace ou dans le baſſin *A*, *B*, *C*, *D*, elles s'écoulerent comme j'ai dit, peu-à-peu par les fentes, ou bien l'air & le vent les évapora. Les parties terteuses, limoneuses, calcaires se déposerent & formerent des couches dans lesquelles se trouverent enveloppés les corps marins qui n'avoient point été entraînés à tems dans la plaine par la violence des eaux du déluge. C'est pour cela que l'on rencontre des coquillages pétrifiés dans les endroits les plus élevés, mais jamais on n'y trouve de poissons. Pour donner la raison de ce phénomene, je citerai l'expérience journaliere. Lorsqu'un grand étang vient à déborder, ses eaux entraînent d'abord les poissons, mais les coquillages restent dans la vase : la même chose est arrivée dans cette occasion; avant que le courant des eaux eût été affoibli au point de cesser entierement, par les obstacles que leur présentoient les rochers qu'elles ne pouvoient point entraîner; les poissons étoient déja dans la plaine où nous en rencontrons une grande quantité dans les montagnes composées de couches, qui touchent à celles qui sont aussi anciennes que le monde. Les coquillages comme moins capables de nâger & de se soutenir dans une eau fort agitée, ont été forcés de périr dans les endroits où ils se sont trouvés. Peut-être quelqu'un m'objectera-t-il d'après M. Moro, que les volcans ont pû produire ces effets; mais si c'est le feu qui a répandu ces coquilles sur la terre, pourquoi ne les a-t-il point calcinées ? pourquoi les trouve-t-on souvent avec leur émail, & brillantes comme de la nacre de perle ?

Le chemin qui va de Goslar à Zellerfeld & à Clausthal prouve ce que je viens de dire. Devant Goslar le terrein est uni; derriere cette ville on monte par une pente douce qui s'éleve peu-à-peu, & l'on passe par-dessus des éminences de pierres feuilletées ou d'ardoises composées de lits ou de couches; lorsqu'on arrive à l'endroit appellé Auerhahn, on rencontre un petit vallon, c'est-là qu'on trouve une grande quantité d'entrochites ou pierres de soleil, qui sont vraiment pétrifiées, & qui fournissent une preuve inconteſtable d'un déluge univerſel. De-là, le chemin s'éleve fortement vers Zellerfeld & Clauſthal. Par-delà l'Auerhahn & derriere cet endroit vers Goſlar & Zellerfeld, on ne trouve plus aucun veſtige de ces corps.

D'autres pourront dire qu'il me reſte encore à prouver que les montagnes que j'ai dit être auſſi anciennes que le monde, ſont environnées de couches; il faut pour cela faire un peu voyager le Lecteur: comme il a déja été queſtion de Goſlar, c'eſt de ce point qu'il faudra partir. On ſçait que c'eſt à cette ville que commence le Hartz ſi fameux, & c'eſt la métropole des villes des mines du bas Hartz. Elle a devant elle les villes de Hartzbourg, de Hornbourg, de Stapelenbourg, d'Oſterwyck, de Dardeſheim, dans les environs deſquelles on trouve des couches de pierre à chaux, de charbon de terre, d'ardoiſe, &c. En tournant davantage, on rencontre le Schimmelwald, Ilſembourg, Darlingerode, Haſſero-

K v

de, où l'on trouve par-tout des couches de pierre à chaux, & au dernier endroit de l'ardoise: il en est de même du Kellerberg, du Bærberge, de Heimbourg, Benzigerode jusqu'à Silstædt. En continuant sa route jusqu'à Langenstein, on trouve des lits de pierre à chaux, & dans quelques endroits de petites couches de charbons de terre; ainsi tout ce qui touche au Hartz est un terrein montueux composé de couches. Au village de Thale, l'ardoise se montre hors de terre; plus loin près de Quedlinbourg, on trouve des couches de charbon de terre. En faisant le tour du Hartz, sous ce nom je comprens aussi le Hartz antérieur, en passant de Quedlinbourg derriere Ballenstadt pour aller à Opperode & Mausdorf on trouve encore du charbon de terre; mais Dankerode, qui en est à peu de distance, appartient déja à la chaîne de montagnes, & par conséquent à celles qui ont été créées dès l'origine du monde. Ainsi les bancs ou couches qui sont devant le Hartz vont depuis Opperode jusques vers Falkenstein où l'ardoise paroît à la surface de la terre, & passent par Neudorf en allant vers Hermannsaker où l'on trouve des couches considérables d'ardoise chargée de cuivre; cela continue jusqu'à Osterode & Hartzungen, où la couche qui couvre l'ardoise, & l'ardoise elle-même se montre au jour, aussi-bien que près de la petite ville de Neustadt & d'Ihlefeld, où l'on exploite actuellement des mines de charbon de terre par couches. Ces bancs d'ardoise & de pierre à chaux s'étendent près de Wolfsleben, Branderode, près de la Sachsa, de Steine, de Schartzfeld, où l'on trouve des couches de pierre à chaux, & au dernier endroit des couches suivies d'ardoise. De-là les bancs vont en passant par Osterode jusqu'à Goslar, où l'on rencontre par-tout des couches de pierre à chaux, comme à Badenhausen, Gittel, Scesen. Voilà donc une contrée qui prouve clairement ce que j'ai avancé; il est à propos d'en parcourir encore quelques autres, & j'espere que le Lecteur me pardonnera si je lui fais faire tant de chemin. Examinons à présent les montagnes de la Saxe remplies de mines, & voyons ce que nous y trouverons. Si on va de Dresde à Freyberg, on rencontre, en passant par le territoire de Plauen, de la pierre à chaux par couches horisontales, au-dessous desquelles il y a du charbon de terre; on en trouve aussi alternativement près de Doehlen, de Burg, de Potzchappel, de Doeltzchen, de Pesterwitz, de Kohldorf, &c. tandis qu'au contraire près du grand & du petit Opitz & de Braunsdorf, on trouve des bancs horisontaux de pierre à chaux. Derriere Kesselsdorf vers Hertzogswald & Mohorn, les montagnes s'élevent de plus en plus, & l'on trouve même sous le gason, des couches d'ardoise dont la pente va communément vers la plaine. Les couches horisontales de pierre à chaux, passent par les Bailliages de Nossen, Rochlitz, de Stolberg, de Rochsbourg, de Penig, de Waldenbourg, de Lemſce, de Glauch, Hartenſtein, de Schwartzenberg & de Zwickau; on ſçait que ce dernier endroit étoit connu ci-devant par ſes mines de charbons de terre, ſur-tout du côté de la Franconie & dans le territoire de Bareuth. Ces couches vont delà en Bohême, où finiſſent les hautes montagnes, & elles s'étendent derriere la Platte, Aberdam, & courent auprès de Catharinenberg; elles ſont compoſées ſoit de pierre à chaux, ſoit d'ardoiſes, & en quelques endroits de charbons de terre; enfin, elles paſſent devant Graupen en Bohême, au pied du Zinnwald, où l'on rencontre des couches de pierre à chaux, d'ardoiſe, & même de charbon de terre aux environs de Toeplitz qui eſt tout auprès. De-là ces couches vont par les Bailliages de Lauenſtein & de Hohenſtein, & continuent leur route par Hohwald. Près de Pirna on trouve du grais & de la pierre à chaux; de-là les couches ſe rapprochent de Dreſde, & ſont par-tout composées soit d'ardoise, soit de pierre à chaux, soit de charbons de terre. J'en demeurerai-là de peur d'ennuyer le Lecteur. Si on veut pousser plus loin ses recherches, on trouvera de pareilles bancs ou couches dans le pays de Hesse. De même, si l'on examine les couches qui environnent le Fichtelberg, on verra que du côté qui est vers Nuremberg & Altdorf, il se trouve des couches horisontales de charbon de terre & de pierre à chaux, parmi laquelle on trouve ce marbre curieux, dans lequel on voit des bélemnites & des cornes d'Ammon. Si on considere l'autre côté de ces montagnes vers Suhle, Ilmenau, Manebach, &c. on rencontrera des couches semblables. Si on veut parcourir la Silésie & les monts Carpatiens, on verra qu'à l'endroit où ils se terminent, c'est-à-dire, près de Beraun, de Plesse & de Nicolai, on trouvera une grande quantité de charbon de terre, de pierre à chaux, & de fontaines salantes comme à Mockrow, à Landzin, à Koſtuchna, &c. Si on veut obſerver le Comté de Glatz, dans les territoires de Reichenſtein près de Weiſſwaſſer, de Patſchkau, d'Ottmachau, où le terrein s'applanit, on rencontrera des couches horiſontales de pierre à chaux & des montagnes qui en ſont entierement composées. Si on remonte ces montagnes; par-tout où elles vont en s'applaniſſant, on trouvera des bancs de pierre calcaire, de charbons de terre, &c. comme près de Neurode, de Tannhauſen, de Weſtgierſdorf, &c. Si l'on continue à ſuivre les monts des Géants, (*Rieſenberg*) on trouvera tantôt de la pierre à chaux, tantôt du charbon de terre, aux endroits où les montagnes ſe terminent & s'applaniſſent, comme derriere Oberlangenau, près de Lœwenberg juſqu'à Alt-Jœſchwitz. Si on parcoure la Comté de Marck, on trouvera le même arrangement de couches, eu égard aux hautes montagnes.

Je pourrois citer une infinité d'autres exemples qui prouvent la vérité des principes que j'ai établis, lorſque j'ai dit qu'une des propriétés principales des montagnes primitives, eſt d'être toujours environnées de montagnes compoſées de couches ; c'eſt une vérité qui me paroît d'autant plus inconteſtable, que j'ai moi-même eu occaſion de vérifier tous les faits que je viens de citer : je n'ai point trouvé d'exemples qui démentent ces obſervations, quelques peines que je me ſois données pour m'aſſurer, par des correſpondances, de l'état des lieux que je n'ai point eu occaſion de voir par moi-même : & quoiqu'un exemple ne ſuffiſe point pour renverſer des faits auſſi multipliés, je ſerai très-obligé à ceux qui voudront bien me faire connoître ceux qui pourroient être contraires à mon principe ; mais je n'admettrai que ceux que me fourniront les perſonnes qui pourront me démontrer qu'elles ont vû le contraire. Pour cet effet, je vais continuer à indiquer les marques auxquelles on peut reconnoître les montagnes primitives ; &

dans la Partie ſuivante je ferai voir celles qui caractériſent les montagnes compoſées de couches. Le premier caractere eſt donc la hauteur conſidérable des montagnes primitives ; mais comme ce caractere n'eſt point ſuffiſant, attendu qu'on pourroit m'objecter les montagnes formées par les éruptions des volcans, auſſi-bien que d'autres eſpéces de montagnes, telles que celles qui ſont compoſées de craie, &c. je vais indiquer le ſecond ſigne auquel on pourra reconnoître la différence de ces montagnes auſſi anciennes que le monde, d'avec celles qui doivent leur formation à quelque révolution de notre globe.

II. C'eſt la ſtructure intérieure de ces montagnes ; elle differe principalement de celle de toutes les autres. 1°. En ce que la nature de la roche n'y eſt point ſi variée. 2° Les lits ou bancs (*ſtrata*) ne ſont point horiſontaux, mais ils ſont ou perpendiculaires ou inclinés à l'horiſon. 3° Ces bancs ne ſont point ſi minces ni ſi multipliés que dans les montagnes du ſecond ordre, ou qui ſont compoſées de couches horiſontales. 4° Ces lits ou bancs vont juſqu'à une profondeur dont on n'a point encore pû trouver la fin. Nous allons examiner chacun de ces points en particulier.

Lorſque je dis que la nature de la roche n'eſt point ſi variée, j'entends la pierre ou la roche dont ces montagnes primitives ſont compoſées. Je ſçais bien qu'on m'objectera que même ſur les plus hautes montagnes on rencontre des bancs ou lits de différente nature, j'en conviens; mais ces couches viennent des révolutions que ces montagnes ont elles-mêmes éprouvées; ſoit de la part du déluge univerſel, ſoit par d'autres accidens; car auſſi-tôt qu'on a percé ces couches & qu'on eſt parvenu au noyau ſolide, on trouve qu'il eſt dans la plûpart de ces montagnes de la même nature. Je ne dois point encore m'occuper des fentes & filons qui s'y trouvent, attendu que ces choſes feront le troiſieme caractere de ces montagnes.

J'ai dit dans la premiere Partie de cet Ouvrage que les montagnes (du second ordre) ainſi que les plaines, s'étoient formées par la ſéparation des parties terreuſes ſubtiles d'avec les eaux: cette ſéparation s'eſt opérée peu-à-peu, & non avec la violence dont elle ſe fit dans les eaux agitées du déluge, ou dans les révolutions ſubſéquentes. Dans la création, ces parties terreuſes ſubtiles ſe lierent étroitement les unes aux autres, & elles n'étoient point auſſi variées qu'elles l'ont été depuis, c'eſt à-dire, long-tems après la création du monde; parce qu'alors il s'étoit déja formé des corps compoſés, qui, par conſéquent avoient été déja détruits & recompoſés, & parce qu'un regne étoit déja paſſé dans un autre. Les parties qui compoſoient ce premier monde étoient plus homogênes; d'où il ſuit que les montagnes & les plaines d'alors étoient compoſées d'une terre beaucoup plus ſimple qu'elles ne ſont à préſent. Quand le déluge ſurvint, ſes eaux changerent la face des montagnes aussi profondément qu'elles purent pénétrer ; elles entraînerent la terre fertile dont elles étoient auparavant couvertes, & mirent en sa place du limon, de la glaise, des plantes, des animaux noyés, des coquillages, &c. Cependant ce changement ne se fit point sentir bien profondément dans ces montagnes, parce que les roches qui s'y trouvoient y mirent un obstacle. Voilà pourquoi dans les souterreins les plus profonds de ces chaînes de montagnes, on ne trouve jamais de vestiges du déluge, ni de pétrifications, ni d'empreintes de poissons, de plantes ou de fleurs, comme on en rencontre dans les montagnes formées de couches. Après que l'eau eût emporté la terre qui couvroit les hautes montagnes, elle parvint jusqu'aux roches qui étoient cachées sous cette terre ; quelques-unes d'entr'elles se trouverent si dures que l'eau ne put en rien détacher ; celles ci demeurerent dans le même état : ce sont les roches dont les grandes montagnes sont remplies.

Parmi ces roches il y en eut d'autres qui, quoique très-dures, étoient remplies dans leurs interstices d'une terre propre à se détremper dans l'eau, & à s'y amollir; l'eau emporta cette terre, & par-là elle fit que les pierres furent détachées les unes des autres : nous en avons des exemples dans le Bieleberg en Saxe, le Heuscheun en Silésie, ainsi qu'à Adersbach, près d'Ihlefeld, au Nadelohr, Gansefchnabel, &c. sans compter une infinité d'autres endroits : ou bien l'eau entraîna ces pierres avec elle ; c'est de-là que viennent ces masses énormes de roches que nous voyons souvent détachées sur les montagnes & dans les plaines. L'expérience journaliere nous prouve que cela est très-naturel & très-possible ; en effet, nous voyons que les pluies d'orages causées par la rupture des nuées, arrachent des pierres d'une grandeur incroyable, & les entraînent en d'autres lieux. Ce qui put résister à ces efforts demeura dans le même état qu'auparavant, excepté que l'eau porta des terres étrangeres dans des endroits remplis de fentes; c'eſt ce que nous examinerons en parlant du troiſieme caractere des montagnes primitives.

Il n'eſt pas poſſible que les roches, qui ſont auſſi anciennes que le monde, puiſſent être compoſées d'autant d'eſpéces de pierres différentes, puiſque la Chymie & la Phyſique nous apprennent que des terres ſimples, telle qu'étoit celle qui ſe ſépara la premiere des eaux, ne peuvent changer de nature & devenir compoſées qu'artificiellement & par le mêlange de parties étrangeres. Je ſuis donc convaincu que les différentes eſpéces de terres & de pierres que l'on trouve actuellement dans les plus grandes profondeurs, ne ſont autre choſe que cette terre ſimple produite par la création, qui n'eſt devenue telle que nous la voyons, que par le mêlange des parties métalliques & minérales, qui s'eſt fait avec elle par la ſuite des tems. Que ſçait-on ſi ce n'eſt point-là la raiſon pourquoi les mines en filons ſont plus riches que les mines par couches ou mines dilatées ? Les parties minérales & métalliques ont été plus en état d'agir ſur une terre ſimple & pure, que ſur une terre qui étoit déja un mélange confus de pluſieurs terres différentes, de débris de plantes & d'animaux, & qui par conſéquent étoit plus impure & moins propre à concevoir le germe métallique. C'eſt de-là que vient l'homogénéité & l'uniformité plus grande des pierres dans les montagnes qui ſont chargées de mines.

J'ai dit en ſecond lieu que dans les montagnes primitives, les lits ne ſont point horiſontaux, mais qu'ils ſont ou perpendiculaires ou inclinés à l'horiſon. Je parle ici ſur-tout de la direction des filons & des fentes. En effet, on voit dans les montagnes dont nous parlons, que les fentes & filons en s'enfonçant profondément en terre, tombent perpendiculairement, & alors on les nomme *filons perpendiculaires*; ou bien s'ils tombent entre le 80 & le 60e degré du quart-de-cercle, on les nomme *filons obliques*; ou si leur inclinaison est entre le 60 & le 20e degré, on les nomme *filons plats*; enfin, ceux qui sont au-dessous du 20e degré se nomment *filons horisontaux*. La fig. 4 de la Planche IV. rendra plus sensible ce que je viens de dire. Les trois premieres manieres de tomber sont propres aux montagnes à filons, au lieu que la derniere ne convient qu'aux couches. Dans la Planche III. figure 1. on voit une montagne. Un filon qui seroit disposé suivant la ligne *A*, seroit un filon perpendiculaire; *B*, *B*, *B*, seroient des filons obliques; *C*, *C*, seroient deux filons plats, & *D* seroit un filon horisontal; ou s'il étoit encore plus parallele à l'horison, comme *E*, il passeroit pour une couche. Il ne s'agit ici que de ce qu'on observe communément, car des exceptions rares ne peuvent point renverser des principes généraux. Je sçais que plusieurs personnes versées dans la science des mines pensent qu'il

B.R

qu'il peut ſe trouver des filons & des couches dans une même montagne ; mais j'oſe aſſurer que c'eſt une erreur ; elle vient de deux cauſes : la premiere, c'eſt que ces perſonnes ont eu occaſion d'examiner une montagne juſqu'à laquelle des couches ſont venues s'étendre ; il s'en trouve de cette eſpéce dans les endroits où les montagnes primitives, dont nous parlons, prennent leur naiſſance, & où les montagnes par couches ſe terminent. On voit qu'on peut aiſément s'y tromper quand on trouve ſi près les uns des autres des filons, avec des minéraux par couches, de l'ardoiſe, &c. Rœſsler lui-même, quoique d'ailleurs il eût une connoiſſance très-profonde de la minéralogie, eſt tombé dans cette erreur dans ſon Traité des mines, qui a pour titre : *Speculum Metallurgiæ politiſſimum*. Il croit que les mines par filons, par couches & par maſſes, peuvent ſe trouver à la fois dans un même endroit. Si nous conſidérons les couches elles-mêmes, nous verrons ſur le champ que cela eſt impossible. La seconde cause de cette erreur vient peut-être de ce que ces personnes ont rencontré avec les filons une espéce de pierre noire feuilletée qu'ils ont prise pour une couche. Il est certain que l'on trouve quelquefois des pierres de cette nature, des entre-deux de roches, &c. qui sont feuilletées comme de l'ardoise, & par conséquent qui ressemblent à des couches; mais si on les examine attentivement on trouvera que cette substance feuilletée est d'une nature tout-à-fait différente de l'ardoise ordinaire.

J'ai dit en troisieme lieu que dans les montagnes primitives les couches ne sont ni si minces ni si multipliées que dans les montagnes composées de couches, dont la formation est plus récente. Lorsque nous traiterons de ces dernieres, nous verrons que souvent elles sont composées de 20, 30 ou 40 couches de différente nature, placées les unes sur les autres, & dont l'assemblage forme une montagne du second ordre. On voit clairement dans toutes les montagnes à filons ou primitives, qu'elles ne ſont point remplies de tant de différentes eſpéces de ſubſtances pierreuſes ou terreuſes. Mais je répete encore qu'il ne s'agit point ici ni de fentes ni de filons; je ne parle à préſent que de la pierre ou roche dont la montagne eſt compoſée. Dans la plûpart des montagnes primitives, elle eſt communément d'une même eſpéce: dans les unes c'eſt une roche dure & qui fait feu contre l'acier, ou ce qu'on appelle de la *pierre cornée*: dans d'autres, elle approche plus du caillou & du quartz: dans d'autres elle eſt calcaire & ſpathique, &c. au lieu que dans les couches, il ſe trouve ſouvent des bancs qui ont à peine quelques pouces d'épaiſſeur, tandis que jamais on n'en trouvera de ſemblables dans les montagnes à filons. On ne doit pas m'objecter ici les foibles vénules qui ont quelquefois à peine l'épaiſſeur d'un fil, on ne peut point les mettre au rang des filons. Nous voyons communément dans les montagnes du premier ordre que la nature de la roche eſt par-tout la même; je parle ici de la pierre qu'on rencontre après qu'on a percé les couches dont on a dit ci-devant qu'elles avoient été formées ſoit par le déluge univerſel, ſoit par des révolutions particulieres. Quant aux filons, on voit clairement par la différente nature des pierres qui les accompagnent qu'ils n'appartiennent point à la roche & même qu'ils n'ont point été formés en même tems que la montagne. Et cela eſt d'autant plus vrai que ſouvent les filons ont une direction différente de celle de la roche qui les renferme; joignez à cela que, pour me ſervir du langage des mineurs, la roche comprime, coupe & dégrade ſouvent ces filons. Mais ce point s'éclaircit de lui-même par la maniere dont nous avons dit que les montagnes s'étoient formées.

J'ai dit en quatriéme lieu, qu'un des caractères des montagnes primitives eſt que leurs couches vont à une profondeur dont on n'a point encore trouvé la fin. Cela eſt confirmé par l'expérience, & eſt une ſuite des principes qui ont été établis ci-devant, lorſqu'on a dit que ces couches n'étoient point horiſontales, mais tomboient ou perpendiculairement, ou coupoient la hauteur de la montagne à des angles aigus. On trouve donc dans la plus grande profondeur des montagnes à filons la même nature de roche que l'on a rencontrée à leur partie ſupérieure; ſouvent les filons ſe précipitent ou s'enfonçent avec ces roches. Voilà pourquoi ſouvent l'on eſt obligé d'abandonner le travail des mines qui promettoient le plus, à cauſe de l'abondance des eaux, ou parce qu'il en coûte trop pour tirer la mine, attendu que les machines ne peuvent plus rendre ſervice à des profondeurs ſi conſidérables. Il n'en eſt pas de même des montagnes compoſées de couches, parce que les couches, étant horiſontales, coupent tranſverſalement ces montagnes, & ne vont par conſéquent pas à une profondeur ſi grande, & ſe terminent aux endroits où la montagne finit. Mais nous en dirons davantage en parlant des couches; cependant il arrive quelquefois dans certaines montagnes à couches, ſur-tout dans celles qui ſont peu élevées, que certaines couches s'enfoncent tellement que les travailleurs ſont fort incommodés par les eaux; mais cela ne doit pas tant être attribué à la grande profondeur, que parce que dans des montagnes ſi peu élevées, on ne peut point faire des galleries de percement, ni donner aſſez de pente à l'eau pour faire aller les machines propres à épuiſer les eaux des ſouterreins : au contraire, l'un & l'autre devient poſſible dans les montagnes à filons, & malgré cela on n'eſt point en état de continuer le travail à cauſe de la trop grande profondeur.

Voilà les obſervations principales qu'on peut faire ſur la ſtructure des montagnes; les perſonnes curieuſes de l'Hiſtoire Naturelle pourront en apprendre davantage en deſcendant elles-mêmes dans l'intérieur des montagnes à filons, pour y faire des obſervations, & ſi l'on conſidere leur arrangement à la ſurface, on verra la vérité de ce que j'ai rapporté d'après les remarques que j'ai eu occaſion de faire. Quelques exceptions rares ne ſuffiſent point pour renverſer les regles que j'ai établies.

III. Enfin, j'ai dit que les montagnes primitives différoient des autres par les ſubſtances minérales qu'elles renferment. Ce point peut être enviſagé de deux côtés: 1° Relativement à la formation des métaux & des minéraux. 2° Eu égard aux métaux & aux minéraux eux-mêmes.

Quant à leur formation, il eſt certain que les filons n'étoient point dès les commencemens dans le ſein des montagnes tels que nous les trouvons aujourd'hui, ils s'y ſont formés peu-à-peu de la même maniere que la Nature produit tous les jours des corps, les détruit enſuite, & reproduit de nouveaux êtres avec les parties qui ont été ſéparées. Je ſuis encore obligé de remonter ici à l'origine des montagnes. J'ai dit qu'au commencement du monde lorſque la terre ſubtile ſe ſût dégagée des eaux pour ſe dépoſer, les eaux ſe raſſemblerent dans les réſervoirs qui leur étoient propres, & que la terre qui ſe forma de cette maniere ſe déſſecha peu-à-peu. Comme cette maſſe fut ſéchée, ſoit par la chaleur du ſoleil, ſoit par l'air qui ſe fit jour au travers de cette maſſe encore molle, il fallut néceſſairement que par le déſſechement il s'y formât pluſieurs crevaſſes dont quelques-unes pénétrerent juſque dans l'intérieur de la terre, ou du moins à une très-grande profondeur; ce ſont ces crevaſſes dont nous rencontrons les reſtes dans les montagnes, que nous connoiſſons ſous le nom de *fentes* de la terre. On voit qu'elles ont été produites par le deſſechement, parce que ordinairement toutes les montagnes ſont plus remplies de crevaſſes à la ſurface de la terre & à une petite profondeur, que lorſqu'on deſcend plus bas, ou lorſqu'elles pénetrent plus avant dans les montagnes, attendu qu'alors l'air n'étoit point en état de les sécher si promptement, & par conséquent la terre n'a point pû se fendre dans ces endroits de la même façon : ou bien cela vient de ce que ces fentes ont pû se remplir plus promptement des substances dont les filons sont composés. Quelques-unes de ces fentes devenues plus grandes & plus larges, sont connues dans la Minéralogie sous le nom de *mines en masses*, lorsqu'elles ont été remplies de mine ; & je ne balance point à mettre dans le même rang, les blocs immenses de mines. La Nature qui ne cesse point d'agir, a rempli par la suite des tems ces fentes formées par le dessechement avec différentes espéces de pierres, telles que le spath, le quartz, la pierre cornée, &c. suivant que ces substances se sont trouvé propres à recevoir le germe des métaux & des minéraux, & en raison de la quantité que la Nature en avoit amassé dans le sein de ces montagnes : les substances qui avoient rempli ces fentes, devinrent des matrices de métaux & de minéraux; c'est-à-dire, des pierres propres à se charger des exhalaisons métalliques. Pour remplir d'autres fentes avec ces corps simples, la Nature s'est servi vraisemblablement des eaux & des vapeurs souterreines, qui combinées dans des proportions convenables ont produit des mines, des métaux & des minéraux: nous en voyons tous les jours des exemples dans les souterreins des mines qui ont été abandonnées, dans lesquelles au bout d'un certain tems on rencontre de nouvelles productions du regne minéral. La Nature avoit donc déja placé dans le sein des montagnes l'agent propre à produire des métaux & des minéraux, aussi-bien que les parties dont ils doivent être composés. Nous verrons qu'elle a suivi une route très-différente pour les couches, & même on trouve que les matrices métalliques qui sont dans les montagnes primitives ou dans les montagnes à filons sont d'une nature très-différente de celles qui sont dans les montagnes formées de plusieurs couches. On voit donc que les opérations de la Nature confirment les principes établis par M. Henckel dans ses Traités vraiment précieux sur l'*Origine des Pierres* & sur l'*appropriation*. Il n'est pas besoin pour cela d'un feu violent, tout se passe avec ordre & sans confusion, tout se fait par le moyen de l'action & de la réaction de l'air & de l'eau. J'ai traité amplement cette matiere dans mon *Essai sur la formation des métaux*, &c. auquel je renvoie le Lecteur. La Nature est perpétuellement occupée à dissoudre, à décomposer, à recomposer & à altérer les corps, & même ces altérations sont telles, que non-seulement elles changent la forme des corps, mais même leur essence. Je vais encore plus loin; il est très-apparent, & l'expérience le prouve, que la Nature, dans les montagnes primitives, décompose & dissout des filons, pour aller les reproduire en d'autres endroits: c'est pour cela que nous voyons des filons dont certaines parties ſont remplies de cavités couvertes de cryſtalliſations de quartz, ou de ſpath, qui ne doivent peut-être leur origine qu'au ſpath ou au quartz qui rempliſſoit auparavant le filon, mais qui a été diſſout & décomposé par les eaux ſouterreines. Je ne voudrois pourtant point décider ſi tout le ſpath ſéléniteux étoit déja du ſpath dans ſon origine, attendu que M. Marggraf dit que le ſpath de cette eſpéce eſt produit par une terre calcaire précipitée par l'acide vitriolique. * Peut-être que la pierre qu'on nomme *quartz* eſt redevable de ſa formation à une terre pareille. On remarque beaucoup moins de ces ſortes de changemens dans les autres eſpéces de montagnes; de même que les mines que l'on trouve dans les montagnes par couches, ne paroiſſent point avoir été formées dans les endroits où on les rencontre, comme

* Ceci eſt traduit mot-à-mot. Il y a apparence que l'Auteur veut dire que *la ſélénite ſe forme par la combinaiſon de l'acide vitriolique avec une terre calcaire.* Ce qui eſt exact.

nous le dirons lorſque nous parlerons de ces ſortes de montagnes.

Quant aux métaux & aux minéraux eux-mêmes, il y a une différence très-grande entre les montagnes primitives & celles du ſecond ordre. En effet, il y a des minéraux qui ſont entierement propres aux montagnes de la premiere eſpéce, d'autres leur ſont communs avec celles de la ſeconde; mais ils ſont très-différens de ceux qui ſe trouvent par filons; d'autres minéraux ſont propres uniquement aux montagnes par couches. Commençons par les mines d'or, elles ſont propres aux montagnes à filons, & même l'ardoiſe de Gaſtein, dans l'Archevêché de Saltzbourg ne doit point être regardée comme la vraie matrice de l'or qu'on y trouve attaché; ce ſont les particules déliées de quartz qui ſont répandues dans cette pierre, qui ſont la matrice de ce métal; & cette ardoiſe prétendue n'eſt elle-même qu'une roche talqueuſe & compacte.

Parmi les mines d'argent, les mines d'argent rouges, blanches, griſes, merde d'oie & vitreuſes, ſont propres aux montagnes à filons; & jamais elles ne ſe trouvent dans les couches.

Pareillement toutes les mines d'étain appartiennent auſſi aux montagnes à filons, & il ne faut point s'arrêter à ce qu'elles ſe trouvent communément par maſſes, & par conſéquent n'ont point de roche ou de toît au-deſſus d'elles, ni de ſol ou de roche qui les ſoutienne, parce que lorſqu'on conſidere la chaîne des montagnes qui accompagne ces mines en maſſes, on verra que ce ſont de vraies montagnes à filons, ou montagnes primitives.

Parmi les mines de plomb, les mines vertes & blanches ſont propres aux montagnes à filons. A l'égard du fer, il eſt ſi abondamment répandu ſur toute la terre, qu'on le trouve également par filons & par couches; cependant comme il ſe trouve ordinairement par fragmens ou roignons, ou par maſſes, & ſouvent en filons, les mines de fer blanches & iſabelles, l'hématite, la manganèſe, l'émeril, l'aiman, appartiennent plutôt aux filons qu'aux couches.

Les mines de mercure ſe trouvent auſſi le plus ordinairement par filons, & font communément une maſſe. Quant aux mines d'antimoine, on n'en a point encore trouvées qui ne fuſſent en filons. Parmi les mines de zinc, il n'y a que la blende qui ſe rencontre dans les filons; & parmi les mines d'arſénic, la mine d'arſénic blanche que les Allemands nomment *miſpikkel*; l'arſénic jaune ou l'orpiment natif, le cobalt écailleux, ſont les ſeules qui ſe trouvent par filons.

Il y a outre cela une différence conſidérable entre les mines qui ſe trouvent par filons, en ce qu'elles ſont beaucoup plus riches que celles qui ſe trouvent par couches. Il eſt aiſé d'en ſentir la raiſon : la Nature a été en état d'agir plus efficacement dans les montagnes primitives que dans les couches; elle a eu beſoin dans les dernieres de beaucoup de tems pour préparer la pierre

& la diſpoſer à devenir une matrice ; & elle a eu vraiſemblablement beſoin d'encore plus de tems pour y raſſembler les parties dont les mines ſe ſont formées par la ſuite. Je crois que les montagnes formées de couches, & les ardoiſes ou pierres feuilletées qui s'y trouvent, ne doivent la partie métallique qu'elles contiennent, qu'aux montagnes à filons qui ſont dans leur voiſinage ; nous en verrons la preuve en conſidérant plus particulierement les couches ; c'eſt ce que nous ferons dans la quatrieme partie de cet Ouvrage.

Avant que de paſſer à l'examen des couches, je vais actuellement conſidérer les montagnes dont j'ai dit plus haut, qu'elles avoient été formées peu-à-peu & par des révolutions particulieres, & qu'elles ſe formoient encore tous les jours. On ne peut diſconvenir que, puiſque la terre a éprouvé un ſi grand nombre de changemens dans les endroits qui ont été le théâtre de ces révolutions, ſa ſurface n'ait pris un coup d'œil tout différent. Pline fait voir en plusieurs endroits que ces changemens sont très-anciens; il raconte que sous le consulat de Lucius Marcius & de Sextus Julius, dans le voisinage de Modène, deux montagnes qui étoient à quelque distance les unes des autres se rapprocherent & engloutirent tous les édifices & les hommes qui se trouverent entre-elles. Strabon & d'autres Historiens rapportent des faits semblables. Les montagnes dont il s'agit ici peuvent donc se former de plusieurs manieres différentes; quelques-unes se forment, 1° Par les tremblemens de terre, 2°. Par les volcans, 3° Par les inondations. De même que plusieurs montagnes ont été renversées par les tremblemens de terre, l'Histoire nous apprend qu'ils peuvent former des isles & des montagnes, sans pour cela qu'on observe d'embrasemens souterreins. Pline rapporte dans son IV. Livre, que l'isle de Delos sortit tout d'un coup de la mer, sans faire mention d'aucun embrasement de la terre qui eût accompagné cet évenement. Et dans le Chapitre 87 du II. Livre, il parle de plusieurs isles formées par les seuls tremblemens de terre. M. Moro attribue à la vérité tous les tremblemens de terre aux feux souterreins; mais cette regle n'est point applicable à tous les cas, attendu que l'air qui est renfermé dans le sein de la terre, est aussi en état de produire ces phénomenes; il est même certain que quoique les volcans soient embrasés, cependant ils n'auroient jamais la force de jetter avec tant de violence du feu, du soufre, des pierres, &c. si l'air violent qui vient des cavités de la terre ne les faisoit sortir par leur bouche, & n'agissoit sur eux comme fait un soufflet dans un fourneau de forge. Dans tous les exemples de montagnes nouvellement formées que M. Moro rapporte dans son Ouvrage, il ne prouve point qu'elles aient été produites par les volcans ou par le feu; il ne se fonde que sur le principe de Neuwton, que les opérations de la Nature du même genre, doivent partir de la même cause ; ainsi des phénomenes particuliers, il en conclut pour les phénomenes généraux, & l'on sçait jusqu'à quel point ces sortes de conclusions peuvent être admises dans la Physique. Nous avons fait voir précédemment que ce n'est point un embrasement qui a répandu sur les montagnes & dans les couches de la terre les coquilles, les ossemens, & les autres corps étrangers qu'on y trouve ; ces corps donnent encore une grande quantité de sel urineux dans la distillation ; cela n'arriveroit pas si, comme M. Moro le prétend, ils avoient éprouvé une action du feu si violente. Je suis convenu que les volcans ou embrasemens de la terre avoient pû quelquefois produire de ces sortes de montagnes; mais celles qui sont ainsi formées & leurs couches, sont bien différentes de celles qu'on remarque dans les autres montagnes ; les premieres sont formées d'un amas confus de substances sulfureuses, métalliques & terreuses : Boccone lui-même, en rapportant les ravages de l'Etna & du Véſuve; indépendamment de l'embraſement intérieur, en attribue la cauſe aux vents violens qui venant de la mer pénétrent dans les cavités de ces montagnes : c'eſt auſſi ce que prouve l'expérience journaliere. Les pays qui ſont ſous un climat plus froid éprouvent auſſi des tremblemens de terre; mais jamais ils ne ſont auſſi violens que ceux qui ſe font ſentir dans les pays chauds, parce que ces derniers contiennent une plus grande quantité de matieres combuſtibles. M. Moro attribue aux feux ſouterreins, la ſalaiſon des eaux; il peut avoir raiſon dans de certains cas, & l'Hiſtoire nous apprend que, dans la grande éruption du mont Etna en 1542, les fontaines d'Aréthuſe & les ſources des environs de Syracuſe, furent ſalées pendant pluſieurs jours; mais ces exemples ſuffiſent-ils pour attribuer la ſalûre de toutes les eaux aux mêmes accidens? Il eſt donc conſtant que les matieres vomies par les volcans ont formé des collines & des montagnes d'une grandeur médiocre, mais elles ne ſont ni ſi élevées, ni compoſées des mêmes couches que les montagnes primitives, ou que celles qui ont été formées par une inondation générale de la terre. Elles en different auſſi pour la ſtructure intérieure, & pour la nature des ſubſtances qu'elles contiennent.

Une expérience ſouvent funeſte nous prouve que les inondations peuvent encore former des montagnes; mais ces dernieres different auſſi par la hauteur, par l'arrangement intérieur, & par d'autres circonſtances, des montagnes du premier & du ſecond ordre. Je ne parlerai point actuellement des autres manieres dont les montagnes peuvent être formées, ſoit parce qu'on en a déja dit quelque choſe dans ce qui précéde, ſoit parce qu'elles ne méritent point qu'on y faſſe attention, & parce qu'elles ne ſont point proprement de mon ſujet.

On voit par ce qui a été dit juſqu'ici que les montagnes ſont redevables de leur formation à pluſieurs cauſes ; on voit auſſi que ces montagnes ſont de diverſe nature, & que les ſubſtances qu'elles contiennent doivent être entierement différentes. Cela nous conduit à faire un examen plus particulier des montagnes formées par couches. Comme c'eſt un point qui n'a point encore été traité par aucun Auteur, je crois qu'on me ſçaura gré d'examiner avec ſoin tout ce que cette matiere préſente de remarquable ; & ce qui ſera parvenu à ma connoiſſance. Je ſçais qu'il manquera bien des choſes à mes deſcriptions, mais il me ſuffira d'avoir contribué à ouvrir une route que des perſonnes plus éclairées pourront ſuivre. Une perſonne dont je ſuis obligé de taire le nom, qui eſt employée dans les mines à Rothembourg dans le Comté de Mansfeld, & qui entend parfaitement l'exploitation des mines par couches, & les travaux des fonderies où l'on traite les ardoiſes cuivreuſes, m'a promis depuis long-tems de faire paroître un Traité ſur cette matiere ; je ſouhaite que nous puissions être bientôt en possession d'un Ouvrage aussi intéressant, & je suis persuadé qu'un homme qui a autant d'expérience, ne peut manquer de donner un grand nombre d'Observations curieuses. Passons maintenant aux couches.

SECTION IV.

Des Montagnes composées de couches.

APRE's avoir examiné les montagnes qui contiennent des filons & leur nature, nous allons tourner notre attention vers les montagnes composées de couches, qui, comme nous avons dit, different entierement des premieres. On les désigne ainsi, parce qu'elles ne sont formées que d'un assemblage de couches ou de lits. Les couches sont des bancs de terres & de pierres, placés horisontalement les uns sur les autres ; lorsque plusieurs de ces bancs se sont amassés les uns sur les autres, ils forment une éminence que nous appellons une *Montagne par couches*. Pour les examiner avec ordre nous traiterons : 1° De leur formation. 2° Des couches ou lits qui les composent. 3° Des métaux

métaux & minéraux qui s'y trouvent. 4° Des corps étrangers & des pierres qu'elles renferment.

Je traiterai dans cette Partie du premier point, c'est-à-dire, de la formation des couches. Dans la seconde & dans la troisieme Partie de cet Ouvrage, je crois avoir suffisamment exposé les sentimens des Sçavans sur la formation de la terre, sur les changemens auxquels elle a été exposée, & sur toutes les choses qui y ont du rapport; il seroit donc inutile de vouloir répéter ici ce qui a été dit. Dans le §. VI de la seconde Partie j'ai exposé mes sentimens sur les principales révolutions qui sont arrivées à notre globe; je ferai voir maintenant, d'après les principes que j'ai établis, comment les couches se sont formées: je ne prétens point imposer des loix, ni forcer personne d'adopter mes sentimens; je me contenterai de proposer les idées qui m'ont paru les plus naturelles & les plus propres à rendre raison des phénomenes que nous présentent les couches de la terre.

J'ai dit à l'endroit que je viens de citer que la terre avoit été formée par la ſéparation des parties ſolides d'avec les parties fluides; j'ai dit auſſi que c'eſt par cette ſéparation que ſe ſont formées les montagnes ainſi que les plaines; je ſuis convenu qu'une partie des eaux qui avoient été ſéparées, avoient ſervi à former la mer, & qu'une autre partie s'étoit amaſſée dans les abyſmes de la terre. J'ai fait voir que la terre étoit ſujette à un grand nombre de révolutions, & qu'elle en avoit éprouvé une très-conſidérable par le déluge univerſel; rien n'étoit plus naturel que de ſuppoſer que ce déluge dût mettre en diſſolution & détremper une quantité prodigieuſe de parties terreſtres. L'agitation perpétuelle de cette maſſe immenſe d'eau entraîna de côté & d'autre ces parties terreſtres qui avoient été délayées. Lorſque les eaux furent montées à leur dernier période, leur mouvement s'affoiblit conſidérablement, parce qu'elles ſe trouverent par-tout de niveau. Cette grande quantité d'eau dépouilla les plus hautes montagnes de la terre fertile dont elles étoient couvertes; elle frappa avec violence les roches qui étoient au-dessous de cette bonne terre; quelques-unes d'entr'elles qui étoient placées les unes sur les autres, sans être liées ensemble, & qui ne purent point résister à ses efforts, en furent entraînées & déplacées; d'autres furent réduites en une terre subtile; d'autres demeurerent entierement dépouillées, c'est ce qu'on voit dans une si grande quantité de rochers énormes. Outre cette terre détrempée, l'eau entraîna encore une quantité prodigieuse de corps du regne animal & du regne végétal; les sommets des montagnes furent enfin mis à sec. Les eaux se retirerent avec impétuosité & entraînerent encore beaucoup de parties des plus hautes montagnes, & à la fin elle devint tranquille dans les plaines; les corps qui nâgeoient dans ces eaux acheverent de se déposer; les eaux se perdirent; une partie alla se rendre dans le lit de la mer; elles formerent des lacs & de nouvelles mers; une partie fut dissipée & évaporée par les vents; enfin une partie se rendit dans l'abysme. La formation de nouveaux lacs au milieu du continent, ainsi que de nouvelles mers, suppose qu'une quantité prodigieuse de terre fut entraînée & délayée par les eaux; elle servit à produire les couches que nous voyons actuellement; elles nous fournissent des preuves d'autant plus convaincantes de la retraite des eaux, qui s'est faite peu-à-peu, que ces couches vont toucher au pied des montagnes primitives & les plus élevées, & vont se terminer dans les plaines.

Je ne sçais si c'est trop me flatter que de croire que c'est-là la voie le plus naturelle d'expliquer la formation des couches. Lorsque je parle de montagnes par couches, je veux désigner celles qui vont depuis le sol ou la base sur laquelle sont appuyés les lits du charbon de terre, (qu'on nomme le *rouge-mort* en allemand), jusqu'à ce qui sert de base aux lits d'ardoise, & qui va de-là jusqu'à la superficie de la terre.

Pour rendre ſenſible à mes Lecteurs, une choſe qui leur paroîtra peut-être aſſez obſcure, il faut que je conſidere avec attention une montagne qui ſe trouve compoſée de couches ; la figure *K* ci-jointe fera ſentir ce que je veux dire. Lorſque les eaux, comme j'ai dit ci-deſſus, parvinrent au ſommet des plus hautes montagnes, elles en arracherent la bonne terre avec toutes les plantes, les arbres, les fleurs, les animaux, &c. Ces corps y demeurerent ſuſpendus pendant quelque tems, & enfin ils ſe dépoſerent plus ou moins promptement, en raiſon de leur peſanteur ſpécifique. Pour ſe former une idée nette de ce dépôt, je ſuppoſe que la montagne *A* dans la Planche III. figure 2, ſoit une des montagnes primitives auſſi anciennes que le monde ; la ligne *B* marque le niveau des eaux, lorſque les ſommets des montagnes furent déja mis à ſec ; *C*, *D*, *E*, *F*, *G*, *H*, *I*, *K*, *L*, *M*, ſont les différens lits ou couches qui ont été formés, lorſque les parties terreuſes délayées dans les eaux se déposérent peu-à-peu ; sur quoi il faut observer que plus elles sont profondes, plus elles ont de pesanteur spécifique, & plus leurs parties sont grossieres : nous aurons occasion d'en parler avec plus de détail, lorsque nous examinerons les bancs ou lits qui composent les couches. Comme les eaux étoient toujours dans une agitation foible, les lits se déposerent assez uniformément & parallelement à l'horison, de maniere que le dépôt couvrit une partie du pied des montagnes primitives, & donna à cette partie un aspect différent de celui qu'elle avoit auparavant. Voilà pourquoi la plûpart des couches se présentent comme des bassins, & conservent cette forme dans l'arrangement qu'elles ont les unes sur les autres, comme on peut le voir dans la figure 1. de la Planche IV.

Je crois devoir avertir ici que lorsqu'on voudra examiner parfaitement une montagne par couches, il ne faudra point se contenter d'y percer quelques puits, mais il faudra prendre une chaîne entiere de montagnes primitives ou à filons, avec toutes les couches qui l'environnent de tous côtés ; par ce moyen on acquerra des connoissances plus exactes, plus étendues & dont la Minéralogie pourra tirer un plus grand fruit, sur les couches, sur leur formation, sur les lits qui les composent, sur les métaux & les minéraux qui y sont contenus. Mais, pour ne point amuser les Lecteurs, je dirai que les mines de charbon de terre occupent toujours la partie la plus basse du terrein sur lequel les couches sont portées ; les ardoises ou pierres feuilletées occupent la partie du milieu ; & les fontaines salantes occupent la partie supérieure, c'est-à-dire, celle où les couches se terminent. Ce que je viens de dire en peu de mots, est fondé sur l'expérience, & peut fournir un vaste champ aux travaux des Naturalistes, des Chymistes & des Mineurs. Peut-être qu'on ne voudra pas s'en rapporter à ma parole ; mais pour s'en convaincre, il faut encore faire voyager le Lecteur ; car j'ai dit que je ne parlerois jamais que d'après l'expérience, & que je ne chercherois point à bâtir des hypothèses ou des systêmes qu'il est aisé de faire au coin de son feu, & sans sortir de son cabinet.

Examinons donc la suite des couches du Comté de Mansfeld. * Je ne m'arrêterai point aux limites qui séparent les Souverains dans ce canton, attendu que la Nature dans ses opérations, n'a point égard aux bornes de la politique. Si nous considérons cette suite de couches, nous voyons qu'elle touche aux montagnes du Hartz, en passant derriere Heckstædt, vers la Clause, Friesdorff, Rammelbourg ; ces lieux sont dans la partie anrérieure du Hartz : de-là elles vont toujours en pente vers la plaine & s'y perdent peu-à-peu. Nous partirons donc d'un point qui commence au Hartz proprement

* Ce Comté est situé dans la Thuringe, une partie appartient à l'Electeur de Saxe, & l'autre au Roi de Prusse, qui l'ont mis en séquestre.

dit; le Hartz va par Blankenbourg, le village de Thale, Ballenſtædt, Hartzgerode, Straſsberg, Stolberg, Neuſtadt, Ihleſeldt, Ellrich, Walkenried, Sachſa, Schartzfeld, Oſterode, Badenhauſen, & retourne par Soeſen, Klingenhagen, Goſlar, Binden, Hartzbourg, Stapelnbourg à Wernigerode. En marquant ainſi les bornes du Hartz, je ne m'arrête point non plus aux diviſions Géographiques qui ont été faites du Hartz en antérieur, en haut, & en bas, &c. car je n'entends ici par le mot de Hartz, que la chaîne de hautes montagnes qui n'eſt composée que de montagnes à filons, & dont j'ai dit qu'elles étoient auſſi anciennes que le monde, à l'exception de quelques changemens peu conſidérables qui ont pû leur arriver, ſans rien altérer à la ſtructure de ces montagnes. Après avoir ainſi déterminé les bornes & l'étendue de ces montagnes, nous allons examiner en particulier quelques-uns des cantons qui les environnent, afin de voir ſi l'on trouve réellement des couches à leur pied. Nous allons, comme j'ai dit, commencer par le Comté de Mansfeld. Si on s'arrête à l'endroit qui se trouve depuis Ballenstædt jusqu'à Danckerode, on voit d'abord près d'Opperode & de Mausdorff, que les couches de charbons de terre s'étendent vers l'orient ; ces couches ont tantôt des charbons de terre, tantôt de l'ardoise, tantôt de la pierre à chaux, &c. elles vont jusqu'aux environs de Sonderfleben, Mæringen, & Ascherfleben ; de Sonderfleben, elles continuent vers Heckstædt, Gerbstædt, Heiligenthal, Schierfleben, & vont toujours en diminuant jusqu'à la plaine du côté de Alfleben, Zabenstædt, Besen, Rothenbourg, jusque vers Læbegin, Wettin & les endroits des environs : près de Halle, ces couches se perdent dans la plaine, c'est là que nous allons nous arrêter. A l'endroit où le lit le plus profond de cette suite de couches, touche aux montagnes à filons, c'est-à-dire, près d'Opperode & de Mausdorff, on rencontre des couches de charbon de terre; plus on s'éloigne des montagnes du Hartz, plus on rencontre d'ardoises; & dans les endroits où les couches cessent & se mettent de niveau avec la plaine, comme à Halle, on rencontre des fontaines salantes. A l'endroit où les couches aboutissent dans la plaine du côté de la principauté d'Halberstadt, on trouve du charbon de terre, c'est ce qui arrive à Quedlinbourg; & quand on s'approche encore plus de la plaine près d'Ascherslebem & de Stasfort, on rencontre des fontaines salantes. Entre l'orient & le midi commence l'amas de couches de la Saxe & une partie de celles du Comté de Mansfeld, qui appartient au Roi de Prusse, auprès de Vatterode, de Gerbstædt, d'Heiligenthal, de Leimbach, d'Eisleben, de Leinungen jusqu'à Sangerhausen. Dans les premiers endroits on trouve une grande quantité d'ardoise, & près du dernier qui s'étend déja vers les plaines de la Thuringe on rencontre du charbon de terre, & lorsque les couches se perdent & ſe mettent de niveau, comme cela arrive près d'Artern, on trouve des fontaines ſalantes. Si l'on s'avance plus loin du côté de Stolberg & d'Ihlefeld, on verra que près de Neuſtadt & d'Ihlefeld la couche de charbon de terre touche de très-près aux montagnes du Hartz. En s'approchant du plat-pays vers Nordhauſen on trouve de l'ardoiſe cuivreuſe près de Hermannſacker, de Rothleberode, de Buchholtz, de Rudigſdorff, de Bergen, de Kelbra, &c, juſqu'à ce que l'amas de couches ſe perde encore dans la plaine, où l'on rencontre de nouveau des fontaines ſalantes. Si on va d'Ihlefeld juſqu'à Schartzfeldz, on trouvera près de Sachſwerſen, de Werna, d'Ellerich, de Sachſa, une grande couche calcaire, qui couvre par-tout les lits; & près de Steine auſſi-bien que près de Schartzfluſſ, les ardoiſes ſe montrent dès la ſurface de la terre. En allant de Schartzfeldz vers Oſterode & Seeſen, on trouve par-tout des lits d'ardoiſes quoique d'une mauvaiſe eſpéce, des bancs de pierres à chaux & d'autres lits ſemblables qui ſont propres aux montagnes ou aux amas de couches. La même nature de terreins continue depuis Seeſen juſqu'à Goſlar, & l'on trouve dans le voiſinage de cette ville des couches de pierres calcaires & des ardoiſes, & vers le midi un lit de charbon de terre; & vers Ringelheim du côté des plaines de Brunſwick, on rencontre encore à Saltzgitter des fontaines ſalantes.

Entre l'orient & le midi de Goſlar, les couches vont vers Hornbourg & Oſterwyck en paſſant par tout le pays d'Huy juſqu'à Morſleben, & l'on y trouve des indications de charbon de terre; & la couche calcaire qui couvre l'ardoiſe de ces cantons, ſur-tout près de Dardesheim, ſe montre à la ſurface de la terre; lorſque ces couches ſe terminent dans la plaine du Duché de Magdebourg, on trouve des fontaines ſalantes auprès de Schœningen.

Je me flatte que ce que je viens de dire des couches qui environnent le Hartz, ſuffit pour prouver la premiere regle que j'ai établie, sçavoir que les charbons de terre forment toujours le sol ou la base qui sert d'appui aux autres lits dans les montagnes à couches, & que leur toît ou la couche supérieure qui les couvre fournit des fontaines salantes. Mais pour que le Lecteur ne croye pas que le Hartz est la seule chaîne de montagnes qui soit accompagnée de couches pareilles, je vais encore lui faire faire deux autres voyages ; le premier sera dans le pays de Hesse. Lorsque les montagnes de cette contrée commencent à s'applanir, comme cela arrive du côté d'Eisfeld, on trouve de l'ardoise, & plus près d'Heiligenstadt, on rencontre les salines d'Allendorf. Du côté de l'occident près de Frankenberg, on trouve des lits d'ardoise cuivreuse, au lieu que dans le Comté de Witgenstein, on voit plusieurs fontaines salantes. En général, le pays de Hesse est entierement environné d'un amas de couches, soit qu'on l'examine du côté de la Westphalie, soit du côté du Duché de Brunswyck, soit du côté d'Eisfeld & de la Thuringe, soit du côté de la Wétéravie, de l'Abbaye de Fulde, des terres de Nassau, de Hartzfeld, de Wigenstein & de Waldeck, on trouve tout autour des bancs de pierre à chaux, d'ardoise, de charbon de terre, & des fontaines salantes aux endroits où le terrein s'applanit; cependant on ne peut point dire que toutes les ardoises qu'on y trouve soient chargées de métal, & que toutes les fontaines salantes soient dignes d'être exploitées; car il ne s'agit ici que des couches qui entourent le pays de Hesse; ce qu'elles contiennent n'est que purement accidentel.

Si l'on parcourt le Comté de la Mark en Westphalie, l'on y trouve une grande quantité de montagnes, au pied desquelles on rencontre près de Boelhorst & de Schneiker, du charbon de terre, & auprès d'Unna du côté du plat-pays, des fontaines salantes.

La Silésie nous montre les mêmes phénomenes. A l'endroit où les monts Carpatiens se terminent du côté de cette province, on trouve près de Tarnowitz & de Beuthen, des couches d'ardoises avec ce qui leur sert de couverture ou de toît; elles sortent aussi de terre à Mockrow & à Lemzin; on trouve encore de l'ardoise près de Nicolai, & du charbon de terre dans le territoire de Plessen près de Kostuchna: & du côté de la Pologne, lorsque le terrein s'applanit, on voit des fontaines salantes près de Koppicowitz. Aux endroits où les montagnes vont en pente, derriere Neurode, Hausdorff, on trouve du charbon de terre, & de mauvaises ardoises près Tannhausen, de Kaltwasser, &c. Je conjecture qu'on y trouveroit aussi des sources d'eaux salées, si on les y cherchoit. On rencontre les mêmes choses près de Hirschberg & de Læwenberg. Mais qu'est-il besoin d'arrêter plus long-tems le Lecteur, je pourrois lui faire observer les mêmes faits à Pottendorff, à Illmenau, &c. aussi-bien qu'en parcourant avec lui la Saxe; mais j'ai déja indiqué dans la Partie qui précéde, les lieux où un Observateur non prévenu aura occasion de faire encore un grand nombre de remarques dans ce genre. Il suffit de dire que je n'ai point encore trouvé d'exemple qui contredît le principe que j'ai établi; je crois donc devoir m'en tenir-là jusqu'à ce qu'on me fasse voir des découvertes contraires; mais je crois être en droit d'exiger qu'on me prouve que je me suis trompé d'après des observations faites sur une suite parfaite de montagnes à filons & de couches. Des exceptions tirées de faits isolés, ne peuvent être en état de renverser mes principes.

Après avoir prouvé la liaison qui se trouve entre les montagnes à filons & celles qui sont formées par un assemblage de couches, il est nécessaire d'expliquer la maniere dont ces couches ont été placées dans les endroits où on les trouve. Le premier dépôt de la terre détrempée se fit, lorsque les eaux surpasserent les sommets des montagnes; elles demeurerent quelque tems de niveau, alors le gravier ou ſable groſſier; & les parties des pierres qui avoient été entraînées par le déluge, ſe dépoſerent les premieres. C'eſt-là ce qui forma le ſol rouge, qui ſe trouve au-deſſous des charbons de terre. Il n'eſt point eſſentiellement néceſſaire que ce ſol ſoit rouge, car cette couleur eſt accidentelle & vient des particules ferrugineuſes qui ſont mêlées avec cette ſubſtance, & fait connoître la nature des montages dont ces terres & ce ſable ont été arrachés. Il ſuffit donc de dire que cette couche la plus profonde ſur laquelle le charbon de terre eſt appuyé, eſt un mêlange de terre argilleuſe & calcaire, & d'un ſable groſſier. Les autres terres ſe dépoſerent enſuite par lits, à proportion de leur peſanteur. Il s'en forma d'autres au-deſſus de la couche la plus profonde, parmi leſquelles fut celle qui devint par la ſuite du charbon de terre; il s'en forma encore de nouvelles au-deſſus de celle-ci; & enfin, il s'y fit une couche d'une eſpéce particuliere de pierre, qui eſt communément rouge, jaune ou brune; ce fut-là le premier dépôt que firent les ſubſtances détrempées dans les eaux. Quand par la ſuite les eaux laiſſerent à ſec les ſommets des montagnes, elles en entraînerent encore bien des ſubſtances, le vent qui s'y joignit mit les eaux dans une agitation violente & augmenta leur force: enfin, elles demeurerent long-tems tranquilles dans les plaines, par-là les parties terreuſes qui avoient été de nouveau arrachées des montagnes, & délayées par ces eaux, ſe dépoſerent; c'eſt-là ce qui forma les différens bancs qui ſont portés ſur le ſol rouge au-deſſous des charbons qui comprennent les ardoiſes, juſqu'à la premiere couche qui eſt à la ſurface de la terre. Je ſçais qu'on peut me propoſer ici une difficulté importante. On me demandera comment il ſe fait que ſouvent on rencontre du charbon foſſile à la ſurface de la terre, & par conſéquent ce que ſont devenus les prétendues couches d'ardoiſe & les autres lits que je dis s'être dépoſés par deſſus?

Je réponds à cela que jamais on ne trouvera ces couches que dans les montagnes : la Planche IV. figure 1. rendra ſenſible ce que je dis. Soit *A* une des montagnes que j'ai nommées primitives & à filons ; que *B* ſoit une montagne éloignée d'une, deux ou trois lieues, & même plus, de la premiere. Lorſque les eaux du déluge ſurpaſſerent le ſommet de la montagne *A*, la montagne *B* oppoſée arrêta leur cours, & les couches marquées *C*, *D*, *E*, *F*, ſe placerent les unes ſur les autres. Par la ſuite, lorſque les eaux ſe retirerent & ſe chargerent encore, comme j'ai dit, de beaucoup de ſubſtances groſſieres ; quand ces ſubſtances ſe dépoſerent, il fallut néceſſairement que ces couches qui ſe formerent après coup, allaſſent occuper les places marquées *G*, *H*, *I*, *K*. J'ai déja fait obſerver ci-devant que les couches ſont ordinairement diſpoſées en forme de baſſin : on pourra par ce qui vient d'être dit, concevoir ce que cela ſignifie. Et même il y a pluſieurs de ces couches dont on pourroit dire, avec vérité qu'elles ont une double terminaiſon. En effet, ſi on ſuppoſe que les couches marquées dans la figure précédente conſervent leur direction dans une diſtance de 3 à 4 lieues, il faudra néceſſairement que l'on rencontre une extrémité de ces couches auprès de la montagne *A*, & l'autre extrémité auprès de la montagne *B*. Mais ce cas ne peut arriver que lorſque les couches ſont renfermées entre deux montagnes primitives élevées & à filons ; on ne peut donc point compter là-deſſus avec ſureté, ni déterminer d'une maniere poſitive ſi ces couches dans une pareille diſtance, conſerveront toujours la même direction, & contiendront les mêmes ſubſtances, attendu que ſouvent il a pû arriver que les eaux ſe ſoient ouvert un paſſage entre deux hautes montagnes primitives, & ſe ſoient écoulées vers la plaine. On m'objectera peut-être que ſelon moi les couches ont dû toujours ſe dépoſer de la maniere que j'ai indiquée, & qu'il n'a point dû ſe faire d'irrégularité ; mais cela n'a point pû arriver, & pour s'en convaincre, on n'a qu'à faire attention à la formation des lits qui composent les couches. Une grande quantité d'eau détrempa la terre, elle en arracha une grande portion tant sur les montagnes que dans les les plaines; dans le dépôt qui se fit, des parties terrestres que les eaux avoient détrempées, ne pûrent-elles point s'amasser tout naturellement dans les creux ou dans les ouvertures formées par la violence des eaux, & par-là former des couches qui s'enfonçoient profondément en terre, comme nous voyons dans quelques-unes dont les mineurs disent dans leur langage, que *la couche se précipite*? Lorsque ces cavités ou ces creux formés par les eaux ont été très-grands & très-profonds, ensorte que les eaux y avoient formé un tourbillon, la matiere que l'eau entraînoit fut long-tems sans pouvoir se déposer avec tranquillité, tout fut confondu: de-là viennent les différens renversemens des couches. D'un autre côté ces couches ont pû se déposer dans de certains endroits qui étoient plus élevés que d'autres, c'est-là l'état du terrein dans lequel on trouve que les couches font un saut, ou s'élevent brusquement. En un mot, c'est à des accidens de cette nature que sont dûes les irrégularités & les inégalités qui dérangent souvent le parallélisme des couches, & qui font que tantôt on les voit s'élever, & tantôt on les voit s'enfoncer. Il me semble qu'on ne peut point donner d'explication plus naturelle de ces phénomenes & de ces accidens, & voilà, suivant toute apparence, comment les couches se sont formées. Ainsi elles n'étoient originairement que de la terre atténuée & divisée, composée d'argille, de terre calcaire, de sable, ou de terre végétale, de pierres d'une grandeur médiocre, de plantes, soit entieres, soit à moitié détruites, d'animaux, &c. Lorsque les eaux furent écoulées, le vent aussi-bien que le soleil qui vint à luire sur elles, sécha ces couches, ce dessechement se fit de maniere que chaque banc ou lit se trouva séparé ; cela devoit néceſſairement arriver, attendu que ces lits différoient les uns des autres, par les ſubſtances dont les couches étoient composées, & conſéquemment ces lits ne pouvoient être étroitement liés, & encore moins ſe combiner enſemble ou *s'approprier*, attendu qu'ils n'en ont eu ni le tems ni les moyens ; & quand même ce moyen eût exiſté, le tems eût été trop court pour que le moyen eût opéré. Par le deſſechement, il ne pouvoit manquer de ſe former en pluſieurs endroits de ces couches, des fentes ſoit horiſontales, ſoit perpendiculaires, que la nature a par la ſuite, remplies de nouvelles ſubſtances : voilà pourquoi, ſur-tout dans les endroits où les couches varient & changent de poſition, nous trouvons ſouvent des pierres d'une nature toute différente, telles que ſont le talc, le ſpath, la ſélénite. Pour ſçavoir d'où cela vient, on n'aura qu'à lire le Traité que M. Marggraf a donné ſur les pierres qui deviennent phoſphoriques à l'aide des charbons, dans lequel

lequel ce célebre Chymiste a prouvé que toutes les terres calcaires mises en dissolution par l'acide vitriolique, & précipitées ensuite, forment de la sélénite. Nous sçavons que c'est la pierre calcaire qui forme le toît ou la couverture des couches, & que cette pierre est disposée à se dissoudre peu-à-peu dans l'eau : nous sçavons aussi que toutes les couches sont remplies de substances qui contiennent de l'acide vitriolique, qui est renfermé, soit dans les charbons de terre, soit dans les ardoises, soit dans l'une & l'autre de ces substances à la fois. Qu'y a-t-il donc d'étonnant si la Nature opere les mêmes effets que l'Art peut produire? Nous trouvons aussi souvent que ces fentes sont remplies d'autres espéces de terres ou de pierres qui ne se sont point trouvées propres à servir de matrice aux métaux & aux minéraux; c'est de-là que viennent ces dérangemens que l'on rencontre fréquemment dans les mines par couches, que l'on désigne sous le nom de *roches sauvages*. Les personnes les plus expérimentées ont senti la vérité des principes que je viens d'établir sur la formation des couches, c'est ce qu'on peut voir dans les relations que M. Schober a données sur les mines de sel de Pologne, & sur les couches de tuf qui sont auprès de Langensaltza, insérées dans le Tome III. du *Magasin de Hambourg*, ainsi que dans la *Relation des mines de Mannsfeld*, dans la Dissertation de M. Hoffmann qui est insérée dans les *Mémoires sur l'Histoire de la Nature & des Arts*, ainsi que dans plusieurs autres Ouvrages. Je crois donc que rien n'est plus conforme à l'expérience journaliere, aux effets de l'eau, à la nature de la terre, que ce que je viens de dire. Je suis persuadé qu'un Naturaliste en expliquant les causes des phénomenes naturels, doit éviter, autant qu'il peut, de recourir au merveilleux. Voici encore une preuve que les couches de la terre doivent leur formation au déluge universel : on sçait que dans les montagnes primitives lorsqu'on a détaché du filon les substances qu'il contenoit, la Nature remplit ces espaces vuides avec de nouvelles matieres: une infinité de faits constatent cette vérité; jamais on ne trouvera la même chose dans les montagnes composées de couches: si ces couches eussent été formées immédiatement par la création, & non pas par un évenement extraordinaire, la Nature seroit en état de remplir les espaces vuides qu'on auroit formés dans ces couches, comme dans les montagnes à filons; c'est pourtant ce qu'on ne voit point arriver.

Voilà à peu près les idées que j'ai cru devoir exposer au Lecteur sur la formation des couches. Ces principes me paroissent utiles non-seulement pour la Minéralogie, mais encore ils répandent du jour sur toute l'Histoire Naturelle de notre globe. Les Physiciens n'ont pour l'ordinaire jetté qu'un coup d'œil général & passager sur les montagnes, sans mettre de distinction entre-elles, quoique, comme nous l'avons fait voir, elles aient des différences très-marquées, quand on les examine avec attention. Je ne prétens cependant point que mon ſentiment faſſe une loi, mais je me flatte que les Phyſiciens non prévenus qui voudront examiner mes principes, ſe transporter ſur les lieux, & faire des obſervations exactes, ne pourront refuſer d'en reconnoître la vérité.

SECTION V.

Des différens lits dont les couches sont ordinairement composées.

APRÈS avoir tâché de rendre raison de l'arrangement & de la formation des couches, il faut que je fasse connoître au Lecteur d'une façon encore plus détaillée, les différens lits dont ces couches sont composées. Je ne m'arrêterai point ici à donner une suite d'expériences Chymiques pour développer la nature des terres dont ces lits sont formés; en effet, il est possible de montrer quels sont les principes actuels de ces terres; mais on ne peut point pour cela assurer que ces terres soient aujourd'hui les mêmes qu'au tems où ces lits ont été formés. De plus, il est certain que la Nature à l'aide de l'action & de la réaction altère les différens corps, les combine, les approprie, les décompose, de forte que par la ſuite ils ne ſe reſſemblent plus à eux-mêmes, & il eſt impoſſible ou du moins très-difficile de les remettre dans leur premier état, & quand même nous croirions y être parvenus, qu'eſt-ce qui nous aſſurera que c'eſt vraiment leur état primitif que nous avons trouvé, & ſi ce n'eſt point plutôt un nouvel être que nous avons produit par nos travaux. Comme je ne parle qu'en Hiſtorien, je ne m'arrêterai point à ces ſortes de recherches, je prendrai les choſes dans l'état où elles ſont actuellement. Je vais donc mettre ſous les yeux du Lecteur: 1° Une Deſcription générale des lits qui compoſent les montagnes par couches. 2° J'examinerai quelques montagnes à couches, eu égard aux différens lits qui s'y rencontrent.

Je me flatte que ce que je dirai ſuffira pour faire naître aux Naturaliſtes qui ont de l'expérience, des idées qui les conduiront peut-être à des obſervations plus étendues en beaucoup d'endroits, qu'ils auront occasion d'examiner. Avant que d'entrer en matiere, il est bon de donner quelques avis ou regles ; celles que je vais donner ne sont point imaginaires ni inventées dans mon cabinet, elles sont fondées sur l'expérience.

Premierement, j'avertis que lorsque je parle des lits qui composent les couches de la terre, je n'ai point égard à leurs variations, à leurs renversemens, à leurs irrégularités, à leur façon de s'enfoncer ou de s'élever, à leurs sauts, &c. Je ne parle que des couches qui ont leur direction & leur inclinaison réguliere ; car je ne dois point m'arrêter ici sur des irrégularités dont j'ai rendu raison dans la Partie qui précede ; il n'y a point de regles à en donner, & ces variations ne doivent leur existence qu'à de purs accidens qui sont moins sujets à des regles certaines, que la formation des couches elle-même.

En second lieu, je ne parlerai point dans cette Partie des métaux

& minéraux qui se rencontrent dans les couches.

Troisiemement, ceux qui veulent examiner les couches par eux-mêmes, doivent toujours commencer à faire leurs recherches sur les couches les plus profondes, qui touchent immédiatement aux montagnes à filons ou montagnes primitives, & les discontinuer aux endroits où ces couches se perdent dans les plaines.

Quatriemement, il faut examiner les montagnes à filons elles-mêmes auxquelles les couches vont aboutir. De cette maniere on trouvera la source d'où sont descendus les métaux & minéraux qui se rencontrent au-dessus, & l'origine des couleurs que l'on remarque dans plusieurs lits de ces montagnes par couches.

Cinquiemement, il faut tâcher de reconnoître exactement la nature des terres dont ces différens lits sont composés; cela mettra en état de rendre raison pourquoi un lit s'est déposé plutôt qu'un autre.

Sixiemement, il ne faut point s'arrêter aux couleurs accidentelles des lits, ni s'embarrasser des corps étrangers qui s'y trouvent quelquefois répandus.

Cela posé, examinons ces lits. Nous avons dit plus haut que nous allions donner une description générale des différens lits dont les montagnes par couches sont composées.

1°. Ces lits ne sont point par-tout en même nombre; cette variété vient de plusieurs causes : en effet, les terres qui ont été délayées par les eaux du déluge universel n'étoient point de tant d'espéces différentes dans un même lieu; la plûpart étoient de la même nature, & par conséquent elles étoient plus propres à se déposer à la fois, que dans un autre lieu où il y en avoit d'un plus grand nombre d'espéces différentes. C'est pour cela que nous voyons des amas ou montagnes très-considérables formées de couches qui ne sont composées que de 3 ou 4 lits. Pour en donner une preuve, je ne citerai que l'exemple de Freyenwald.

avec ſes mines d'alun, qui eſt dans notre voiſinage. La partie ſupérieure de la montagne n'eſt que du ſable mêlé d'une très-petite portion de terreau; au-deſſous de ce ſable eſt un banc de pierre calcaire en morceaux détachés, mêlée de mine de fer; au-deſſous de ce lit eſt celui de la mine d'alun; c'eſt une terre graſſe, d'une couleur brune, entremêlée de ſélénite, qui reſſemble aſſez à la vraié terre alumineuſe, mais qui effectivement doit plutôt être regardée comme une terre d'ombre. C'eſt ſous ce lit que ſe trouve celui de la vraie mine d'alun. On voit donc que toute la montagne n'eſt compoſée que de quatre lits: on demandera d'où vient qu'il n'y en a point davantage? La raiſon la plus naturelle qu'on puiſſe en donner, c'eſt que les eaux du déluge en ſe précipitant du haut des montagnes, n'ont pû s'arrêter long-tems dans cet endroit; mais ont trouvé le moyen de s'échapper entre les hautes montagnes qui ſont des deux côtés, & par conſéquent, comme elles étoient encore chargées des terres qu'elles avoient délayées, elles les ont chariées avec elles, & les ont déposées en d'autres lieux. J'ai dit plus haut que les couches sont remplies de sélénite, cela a aussi lieu à Freyenwald, la vraie mine d'alun & la terre d'ombre qui la couvre, en contiennent beaucoup: M. Marggraf a prouvé dans l'Ouvrage que j'ai cité, que toute terre calcaire, après avoir été dissoute & saturée par l'acide vitriolique, fait de la sélénite, au point qu'elle forme quelquefois des groupes de crystaux: nous avons une preuve naturelle de cette vérité à Freyenwald. Non-seulement la sélénite y est répandue en petites parties, mais souvent elle est par petits groupes crystallisés dans la mine d'alun. Il est inutile de demander comment cette sélénite s'est formée, attendu que, comme on a dit, il se trouve assez de terre calcaire dans cet endroit: d'ailleurs on y fait aussi une grande quantité de vitriol; ce qui prouve que ces couches en contiennent abondamment. On voit que cette couche est redevable de sa formation à une grande inondation, on en a la preuve dans les coquilles pétrifiées qui se trouvent abondamment dans ce canton. On m'objectera peut-être qu'on pourroit attribuer ces pétrifications à l'Oder qui passe par ce pays; mais comment se fait-il qu'on les trouve sur les plus hautes montagnes des environs, tel qu'est l'endroit où est bâti l'ancien château d'Uchtenhagen? Ne voit-on pas clairement par-là qu'il a fallu toute autre chose que le débordement d'une riviere pour porter ces coquilles aux endroits où on les trouve? Il y a beaucoup d'autres couches de la même espéce qui sont composées d'un très-petit nombre de bancs ou de lits.

2°. On remarque que les bancs ou lits dont les montagnes à couches sont composées ne sont point également épais; la raison de cette différence vient en partie des terres qui ont été délayées, en partie de la position des hautes montagnes à filons qui sont dans le voisinage, & en partie du mouvement des eaux, d'où ces lits ſe ſont dépoſés. Les ſubſtances détrempées y ont beaucoup contribué, parce que, ſelon la nature des lieux élevés d'où les eaux ſe ſont retirées, il s'en eſt plus délayé d'une eſpéce que d'une autre: voilà pourquoi les lits des différentes eſpéces de terre ſont tantôt épais & tantôt minces; c'eſt pour cela que ſouvent on rencontre des lits de charbon de terre qui ont une toiſe, & même plus d'épaiſſeur, tandis que les mêmes lits, dans d'autres endroits, n'ont ſouvent que 9, 10, 12 ou 16 pouces d'épaiſſeur. L'épaiſſeur des couches dépend auſſi très-ſouvent des montagnes à filons auxquelles elles touchent; j'ai déja fait voir dans la Section qui précede, en expliquant la figure 1. de la Planche IV, la maniere dont ſe ſont formés les lits des montagnes à couches par les ſinuoſités que les eaux ont pratiquées entre deux hautes montagnes. On conçoit donc clairement que lorſque les eaux ont été de niveau & tranquilles pendant quelque tems, les lits des montanes à couches, ont pû ſe dépoſer plus également, que lorſque ces eaux étoient dans une agitation perpétuelle & tomboient avec impétuoſité des hauteurs dans les plaines; en effet, par-là elles ont dû entraîner beaucoup plus loin la terre dont elles étoient chargées; c'eſt pour cela que ces lits ont dû devenir minces de plus en plus; comme nous le remarquons communément dans les endroits où ils ſe terminent. La nature du mouvement des eaux a dû elle-même y contribuer beaucoup: dans les endroits où elles s'écoulerent paiſiblement, les lits qui ſe déposerent, devinrent plus égaux; au contraire, lorſque les eaux paſſerent avec violence, elles délayerent & emporterent plus loin une partie de ce qui s'étoit déja dépoſé, & mirent en ſa place d'autres ſubſtances étrangeres qu'elles avoient entraînées: par ce moyen la ſituation, la nature & la forme des lits qui s'étoient d'abord dépoſés, furent entierement changés.

3° Il n'y a point de couche qui ſoit compoſée d'une ſeule terre ſimple & pure. Tous les lits, quelque dénomination qu'on leur donne, sont un mêlange confus de différentes espéces de terres. Lorsque je parle de terre pure, je n'entends point celle que Bécher regarde comme le principe de tous les corps, je n'entends point non plus par-là les quatre espéces de terre que M. Pott regarde comme les plus simples dans sa *Lithogéognosie*, d'autant plus que les expériences que M. Marggraf à faites sur l'argille & les terres gypseuses, prouvent que quelque pures qu'elles soient, elles ne laissent pas d'être composées de terres de différentes espéces, attendu que de l'argille contient une terre qui peut être précipitée par l'acide vitriolique de l'alun; & le gypse n'est qu'une terre calcaire saturée par l'acide vitriolique. D'où l'on voit que la division que M. Pott a faite des terres n'est point fondée, & que la violence du feu n'est point le vrai moyen de connoître & d'analyser les corps composés. Ainsi, comme Historien, je n'entends par terres pures que celles qu'on peut appeller ainsi méchaniquement. Je veux donc dire qu'il n'y a point de lit qui soit uniquement composé, soit de pierre calcaire, soit d'argille, soit de quartz, mais toutes ces terres sont mêlées & confondues ensemble dans tous les lits. Cependant cela ne doit pas empêcher de dire que les terres principales dont ces lits sont formés, sont de l'argille ou de la terre calcaire; mais mêlées de beaucoup de sable & de pierres grossieres. Les autres espéces de pierres, telles que la sélénite, sont formées, comme j'ai déja dit, par la terre calcaire, & sont postérieures à la formation des couches.

Après avoir donné ces regles générales, nous allons examiner de plus près les différens lits dont les couches sont composées, & considérer, suivant l'ordre que nous nous sommes proposé, les lits de plusieurs montagnes à couches. La Planche IV figure 2. servira à rendre la chose plus claire : elle représente la suite des couches qui se trouvent derriere Nordhausen, dans le Comté de Hohenstein près d'Ihlefeld, de Neustatt, de Sachswerfen, d'Osterode, de Wiegersdorf, Rudigsdorf, & qui environne tout le Hartz jusques auprès du Comté de Mansfeld. Dans cette Planche, je n'ai pû donner aux couches une épaisseur d'après une échelle, parce qu'il auroit fallu faire une Planche trop grande; & d'ailleurs il ne s'agit ici que de montrer comment les lits sont placés les uns sur les autres; voici donc d'après les découvertes qui ont été faites jusqu'ici, les bancs ou lits dont cette suite de couches est composée.

1, La couche de terre supérieure ou la terre végétale, qui suivant les circonstances, est tantôt épaisse & tantôt mince.

2, Sous le premier lit, suit un lit de pierre que l'on nomme *pierre puante*; c'est une pierre calcaire, de couleur grise, qui, quand on la frotte, a l'odeur de l'urine de chat: ce lit a environ 6 verges d'épaisseur *.

* On a déja fait remarquer que la verge étoit de 7 pieds de Dresde.

3, Une espéce d'albâtre *, qui, dans ce pays occupe la place de la pierre à chaux; l'épaisseur de ce lit varie depuis 4. jusqu'à 6, 10, 20 & 30 verges. Près d'Ellrich, d'Ober-Sachswerfen, de Nieder-Sacheswerfen, il y a des montagnes entieres de cette pierre qui ont jusqu'à 30 verges de haut.

4, Au-dessous de ce lit d'albâtre, on trouve un vrai tuf, que l'on nomme *Rauwake*, ou roche brute, dans le pays. Il a 12 verges & 20 pouces d'épaisseur.

5, Il vient ensuite une pierre à chaux commune, qui fait effervescen-

* Ce que la plûpart des Naturalistes Allemands nomment *albâtre*, est une pierre gypseuse qui n'a rien de commun avec l'albâtre oriental, qu'une ressemblance legere; ce dernier est une vraie pierre calcaire, de la nature du marbre, & qui fait effervescence avec les acides; il se forme en stalactites dans des grottes; on en a un exemple dans les fameuses grottes d'Antiparos, décrites par M. de Tournefort, dans son *Voyage du Levant*. La même observation a été faite par Ferrante Imperato, qui a dit: *Alabastro è una specie di Stiria*.

ce avec les acides: les ouvriers des mines la nomment *zech-ſtein*; elle a ordinairement deux verges d'épaiſſeur.

6, La pierre qu'on nomme dans le pays *oberſaule*, eſt une pierre calcaire remplie de ſable, & mêlée d'argille; elle a ordinairement une demi-verge d'épaiſſeur.

7, La ſubſtance qu'on nomme *uberſchuſſ*, n'eſt que de la glaiſe durcie, qui n'a communément qu'un pouce d'épaiſſeur.

8, On trouve enſuite un mélange confus de terre calcaire & argilleuſe, que l'on nomme *faule délié*, qui a les trois quarts d'une verge.

9, Ce qu'on nomme le *toît*, eſt une pierre feuilletée ou ardoiſe griſe, compoſée d'argille & de pierre à chaux, elle a 16 pouces.

10, On trouve une eſpéce d'ardoiſe qui eſt uniquement, ou du moins en grande partie, compoſée d'argille, elle eſt noire comme les ardoiſes qui contiennent du cuivre; mais elle contient très-peu de métal; on la nomme *mittelberg* ou roche moyenne, elle a 6 pouces d'épaisseur.

11, La substance qu'on nomme *Kamschale*, c'est une ardoise noire, mais qui contient très-peu de cuivre; elle n'a qu'un pouce d'épaisseur.

12, Il en est de même de l'ardoise qui suit, qu'on nomme *mittelschiefer* ou ardoise moyenne; elle a cependant le coup d'œil de celle qui est riche en métal, quoiqu'elle n'en contienne que très-peu; son épaisseur est de 4 pouces.

13, La bonne ardoise cuivreuse qui contient beaucoup de métal; mais elle n'a qu'un pouce d'épaisseur.

14, Elle est accompagnée des mines que l'on nomme *flætz-ertzte* ou mines en lits, qui sont aussi composées en partie d'une espéce d'ardoise riche en métal; mais qui ne sont aussi assez souvent qu'un grais verdâtre, mais fort chargé de cuivre, ce lit a un pouce d'épaisseur.

Il faut observer ici que souvent au lieu des ardoises cuivreuses & de la mine en lit qui vient d'être décrite, on rencontre une espéce de pierre qui paroît se suivre comme un filon, le spath en fait la plus grande partie; elle est placée perpendiculairement, & contient des mines jaunes de cuivre très-pures & très-compactes. On y trouve aussi du cobalt, aussi-bien que de la mine de plomb. On nomme *Wechsel* ou changement, cette espéce de lit; parce que l'ardoise y est changée en une espéce de roche singuliere, joint à ce que sa position, au lieu d'être horisontale, est devenue perpendiculaire. On n'a qu'à se rappeller ce que j'ai dit ci-devant de la formation des couches dans de certains endroits; celles qui avoient été nouvellement formées, se sont fendues & ont crevé; ces fentes se sont remplies peu-à-peu de terre calcaire dissoute, qui en se combinant avec de l'acide vitriolique, a formé de la sélénite.

15, Les ouvriers des mines ont nommé, quoique fort improprement, *hornstein* ou pierre cornée, la roche qui vient ensuite; c'est une pierre composée d'un mêlange de terre calcaire & argilleuſe, & d'un ſable groſſier entremêlé de pierres de moyenne grandeur; elle a communément une demi-verge d'épaiſſeur.

16, Au-deſſous du lit qui précede, on trouve une argille bleue, qu'on appelle *lettenſchmitz*, qui a 2, 4 & quelquefois juſqu'à 8 pouces d'épaiſſeur.

17, La roche qui eſt au-deſſous, qui eſt compoſée d'argille, de terre calcaire, de mica, de talc & de ſable, & qui paroît entierement rouge à cauſe des parties ferrugineuſes qu'elle contient, ſe nomme le *mort fin*, *zartetodte*, & a une verge d'épaiſſeur.

18, Une roche rouge très-compacte compoſée de terre calcaire, de gravier, de cailloux, &c. & qui eſt très-ferrugineuſe, s'appelle le *vrai rouge mort* (wahre, rothe todte) Son épaiſſeur eſt de 20, 30, 40, 50 & même de 60 verges. C'eſt ce lit qu'on avoit juſqu'à préſent regardé comme le dernier des amas de couches, ou comme la baſe ſur laquelle tous les autres lits étoient supportés ; mais mes observations m'ont fait connoître qu'il se trouve encore au-dessous de ce dernier, différens lits qui appartiennent proprement aux lits de charbons qui sont au-dessous de ceux d'ardoise. Ces lits sont ceux qui suivent.

19, Une roche feuilletée dure, compacte, rouge & ferrugineuse, qui ne fait point effervescence avec les acides, & qui est de la nature du jaspe ou de la pierre cornée. On y trouve de la mine de fer par marrons ou par morceaux détachés ; mais elle est difficile à fondre, & peu riche. Cette roche prend le poli, & elle a 6, 8 & même 16 verges d'épaisseur. On la nomme *la roche*.

20, On trouve ensuite une pierre rouge, ferrugineuse, mêlée de gravier, on la nomme le *gravier grossier* ; son épaisseur est de trois quarts de verge.

21, Le sable rouge qui se trouve au-dessous, est semblable au lit qui précede, excepté que le grain en est plus fin ; ce lit a une verge d'épaisseur.

22, Le lit qui suit s'appelle *l'ardoise rouge*; il est composé d'une argille mêlée de fer; son épaisseur est ordinairement de 4, 6 jusqu'à 8 verges.

23, Le lit qui est au-dessous est d'une couleur semblable à celle du foie, il est aussi composé d'argille mêlée d'une très-petite portion de fer. Il est de 6 à 8 verges; on l'appelle la *pierre couleur de foie*.

24, L'ardoise qui est au-dessous se nomme la *pierre bleue de charbon*; elle a de 6 à 10 verges d'épaisseur.

25, On trouve ensuite le toît ou ce qui sert de couverture aux charbons de terre; c'est une pierre argilleuse grise, dure & compacte qui a depuis $\frac{1}{8}$ jusqu'à $\frac{1}{4}$ de verge d'épaisseur.

26, C'est sous le lit précédent que se trouvent les charbons de terre qui dans cet endroit ont $\frac{1}{4}$ de verge d'épaisseur.

27, Au-dessous de ces charbons de terre, on trouve des ardoises bleues qui sont de vraies ardoises, mais dont la couleur est plutôt noire

que

que bleue ; on y trouve ſouvent des empreintes des fleurs de l'*aſteris præcox Pyrenaicus, flore cæruleo, folio ſalicis.* L'épaiſſeur de ces ardoiſes eſt d'un quart de verge.

28, Une pierre feuilletée noire extrêmement dure, qu'on nomme *hornſtein*, pierre cornée, qui a 6, 10 & même 15 toiſes d'épaiſſeur.

29, Un lit composé d'argille, de pierre calcaire, de ſable & de cailloux, qu'on nomme *le ſol*, ou la baſe du charbon de terre; il a de 7 juſqu'à 10 toiſes d'épaiſſeur.

30, Ce dernier lit touche immédiatement à la montagne à filon, & s'appelle le *rouge mort*, qui ſert d'appui aux charbons ; il eſt composé de terre calcaire & de terre argilleuſe, mêlées de ſable; ſa couleur eſt rouge, à cauſe de la portion de fer qui s'y trouve : ſouvent ce lit a juſqu'à 30 verges d'épaiſſeur. On y rencontre communément des pierres arrondies, de la groſſeur d'un œuf de poule ou d'oie ; elles ſont de la même ſubſtance que le reſte du lit ; mais elles s'en détachent aisément.

31, Enfin la roche de la montagne à filon, ou montagne primitive.

On voit clairement par ce qui vient d'être dit, qu'il y a apparence que le dépôt des substances détrémpées par les eaux s'est fait en différens tems, & je présume que le tems où les eaux surpassoient les sommets des plus hautes montagnes est celui où se sont formés ou déposés successivement les lits depuis n°. 30 jusqu'au n° 19. Mais lorsque ensuite les eaux se sont écoulées avec impétuosité, & sont tombées du haut des montagnes, elles ont entraîné encore beaucoup de limon, de terre, de débris, &c. dont se sont formés les lits depuis n° 18 jusqu'à n° 1. Nous voyons encore que les parties grossieres se sont déposées les premieres, comme on peut le remarquer aux deux substances nommées les roches *rouges mortes*, au lieu que les substances argilleuses & calcaires qui ont été plus atténuées & di-

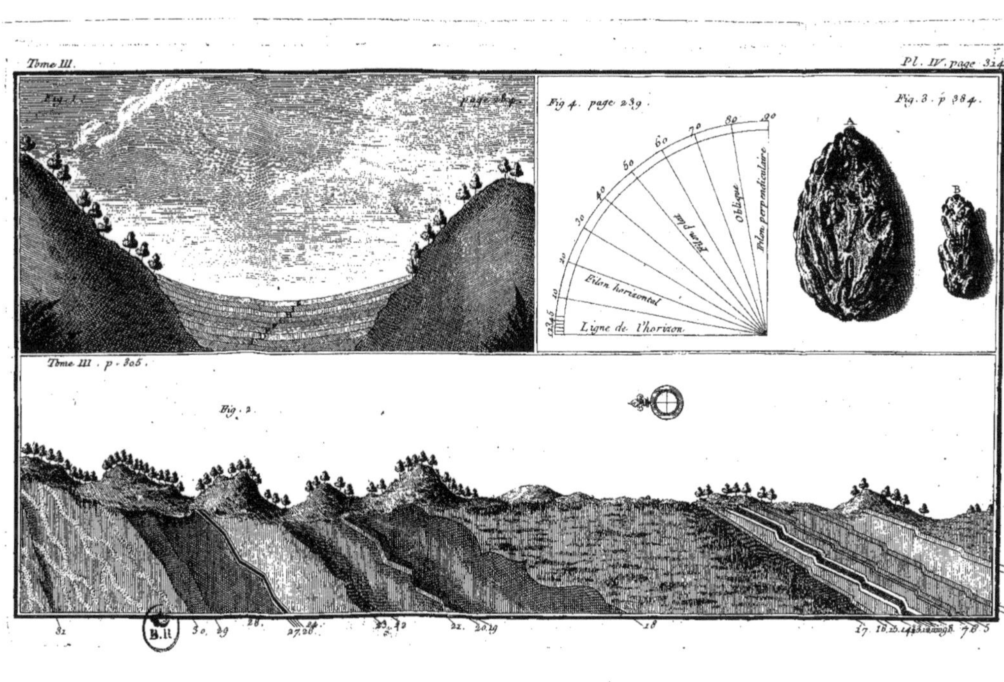
Tome III.
Pl. IV. page 314.
Fig. 1.
Fig 4. page 239.
Ligne de l'horizon.
Filon horizontal
Filon plat
Oblique
Filon perpendiculaire
10
20
30
40
50
60
70
80
90
Fig. 3. p 384.
A
B
Tome III. p. 305.
Fig. 2
31
30. 29
28.
27.26.
22.
20.19
18
17
5

visées par les eaux, y sont demeurées plus long-tems suspendues avant que de se déposer. Comme il seroit trop couteux, trop difficile & quelquefois même impossible de faire partout des *bures* ou puits pour examiner un terrein, la maniere la moins coûteuse & la plus aisée de découvrir & d'examiner ces sortes de lits, est de commencer par ouvrir la terre en commençant dans la plaine, de faire attention à toutes les variations qu'on trouve dans les roches en remontant vers les hauteurs, & de continuer de cette façon jusqu'à ce qu'on rencontre la montagne à filon, à laquelle on trouvera toujours que l'extrémité de chaque lit aboutit à une certaine distance : par-là on pourra juger de leur épaisseur. Quant aux fameuses couches du Comté de Mansfeld, je pourrois renvoyer le Lecteur aux Descriptions qui en ont été données, par M. Kiesling, dans sa *Description des mines de Mannsfeld*, aussi-bien qu'à la Relation qui se trouve dans le *Saxonia subterranea* de M. Mylius, où l'on donne une Defcription détaillée de chaque lit; mais pour prouver que la nature a travaillé prefque par-tout de la même maniere à la formation des couches, je vais encore donner ici la defcription des lits dont font compofés quelques endroits de couches. A peu de diftance de Rothenbourg eft un terrein de mines, qu'on nomme *Katzenthal* ou vallée des chats; M. Krug de Nidda, qui eft de mes amis, m'a procuré la defcription fuivante des lits qui compofent ce terrein, & je m'en fuis affuré en les examinant moi-même.

1, On rencontre d'abord la terre végétale qui eft d'une épaiffeur inégale, mais qui a quelquefois un quart ou jufqu'à une demi-verge d'épaiffeur.

2, Il fuit un lit de glaife, mais elle n'eft jamais pure étant toujours mêlée de beaucoup de terre calcaire; elle fait effervefcence avec les acides: ce lit a jufqu'à une demi-verge d'épaiffeur.

3, Au-deffous de cette glaife, eft une argille rouge, colorée par des particules de fer, elle eſt auſſi mêlée de beaucoup de parties calcaires; elle a depuis une juſqu'à deux verges d'épaiſſeur.

4, On rencontre une pierre calcaire griſe & peu compacte, remplie de beaucoup de ſélénite; elle a une ou deux verges d'épaiſſeur.

5, Au-deſſous eſt une argille bleue qui eſt mêlée de beaucoup de parties calcaires; elle a 3 ou 4 verges d'épaiſſeur.

6, On rencontre la pierre puante que nous avons décrite plus haut, ou une eſpéce de pierre calcaire griſe d'une odeur déſagréable, qui a 3 ou 4 verges d'épaiſſeur.

7, On trouve une eſpéce de roche calcaire dont toutes les fentes ou gerſures ſont remplies de petites cryſtalliſations ſpathiques ſéléniteuſes; ce lit a 4 ou 5 verges d'épaiſſeur. On n'aura qu'à ſe rappeller ici ce que j'ai dit d'après M. Marggraf, ſur la formation de la ſélénite.

8, On voit une pierre calcaire griſe & compacte, que les mineurs nomment *zechstein*; elle a 2 $\frac{1}{2}$ ou 3 verges d'épaiſſeur.

9, On rencontre la pierre qu'on nomme *faule*, c'eſt une pierre calcaire compacte & d'un grain fin, dont la couleur eſt griſe.

10, Ce qu'on nomme le *toît* eſt auſſi une pierre calcaire griſe & compacte, de l'épaiſſeur d'une verge.

11, La pierre nommée *noberg* ou *oberg*, eſt une ardoiſe ou pierre calcaire feuilletée & noire, qui a 6 pouces d'épaiſſeur.

12, Ce qu'on nomme *lochberg* eſt une ardoiſe ou pierre feuilletée, calcaire & noire, qui fait effervescence avec les acides, elle a 5 ou 6 pouces d'épaiſſeur.

13, L'ardoiſe cuivreuſe proprement dite, dont l'épaiſſeur eſt de 2 ou 3 pouces.

14, La pierre appellée, *lochen* qui eſt une eſpéce d'ardoiſe graſſe au toucher, tendre & qui ſe met aiſément par feuillets; elle a 1 ou 2 pouces d'épaiſſeur.

15, Ce qu'on appelle le *ſol blanc*,

est un mêlange d'argille, de terre calcaire, de ſable, de ſpath, qui a 1 ou 2 pouces d'épaiſſeur.

16, Le *ſol rouge*, que l'on n'à point encore percé dans ce pays, & dont par conſéquent, on ne connoît point encore l'épaiſſeur.

Le Lecteur voit encore par-là que la Nature ou plutôt le déluge univerſel n'a preſque fait entrer que de la terre calcaire & de l'argille dans la compoſition des couches, & que les terres groſſieres, telles que celles dont le ſol rouge eſt compoſé, ſe ſont dépoſées les premieres, au lieu que les parties fines & pures, argilleuſes & calcaires qui ſont demeurées plus long-tems ſuſpendues dans les eaux, ſe ſont dépoſées par-deſſus les premieres. En un mot, ces lits ſont compoſés des mêmes ſubſtances que ceux que j'ai décrits ci-devant, il n'y a que les circonſtances différentes dont nous avons parlé dans les Sections précédentes & au commencement de la préſente, qui faſſent remarquer quelques variations, mais elles ne peuvent nuire en aucune façon aux principes généraux qui ont été établis. Il faut s'embarraffer très-peu de la diverfité des couleurs qu'ont les fubftances qui forment ces lits, & encore moins des dénominations différentes qn'il a plû aux ouvriers des mines de leur donner, elles varient avec les lieux. Il ne s'agit point ici non plus de la quantité de métal que les ardoifes contiennent, cela eft purement accidentel, & nous nous en occuperons dans la Section fuivante.

Je ne puis m'empêcher de donner encore ici la defcription d'un autre amas femblable de lits qui dépend de Rothenbourg; c'eft celui de la mine appellée *Todthugel*; on y trouve:

1, La terre végétale qui a communément une demi-verge d'épaiffeur.

2, La glaife qui a la même couleur, que celle de l'exemple précédent & qui fait de même qu'elle effervefcence avec les acides; elle a 2 verges d'épaiffeur.

3, L'argille rouge eſt parfaitement ſemblable à celle qui ſe trouve au Katzenthal, excepté qu'elle eſt plus épaiſſe, ayant juſqu'à 10 verges d'épaiſſeur.

4, La pierre puante qui n'eſt point ſi compacte en cet endroit que dans celui qui précede, eſt feuilletée comme de l'ardoiſe; ſon épaiſſeur eſt de 2 verges.

5, De la glaiſe blanche, c'eſt une argille mêlée de terre calcaire; elle a 6 verges & $\frac{5}{8}$ d'épaiſſeur.

6, Une roche qu'on nomme *knaur*, c'eſt une pierre calcaire griſe; elle reſſemble aſſez à la roche dont il a été parle ci-devant, excepté qu'elle n'eſt point remplie comme elle de cryſtalliſations ſéléniteuſes, mais elle eſt entierement pénétrée de ſélénite.

7, La ſubſtance qu'on nomme *aſche* ou cendre, eſt une terre calcaire marneuſe, mêlée de talc; elle a 2 $\frac{1}{2}$ verges d'épaiſſeur.

8, La pierre nommée *zechſtein*, qui, comme on a dit précédemment, eſt une pierre calcaire griſe; elle a 3 verges.

9, La pierre nommée *faule* ou pourriture, est aussi une pierre calcaire; mais elle n'est point si dure, elle est mêlée & pénétrée d'argille; $\frac{1}{2}$ verge.

10, La pierre nommée *uber* ou *loch-berge*, est une espéce d'ardoise; $\frac{1}{8}$ de verge.

11, Les vraies ardoises viennent ensuite; elles ont 3 pouces d'épaisseur.

12, Au-dessous des ardoises est le sol blanc, dont le sable n'est point si grossier qu'au Katzenthal; c'est une argille grasse, mêlée de terre calcaire; ce lit a trois quarts de verge.

13, Le sol rouge n'est point non plus composé d'un sable aussi grossier que celui de Katzenthal; mais il a pour base un sable plus fin & une terre plus déliée; ce lit n'a pas non plus été percé.

Je n'arrêterai plus le Lecteur par aucune description des lits qui composent les montagnes par couches, dans lesquelles on trouve de l'ardoise cuivreuse. Je crois que les exemples que j'ai rapportés suffiront pour démontrer la vérité de ce que j'ai avancé. Je vais maintenant examiner les lits qui accompagnent les couches de charbon de terre. Je commencerai par celles des mines de Wettin, & je dirai quel eſt leur arrangement dans l'endroit nommé Schachtberg. On ſçait qu'il y a là trois couches de charbons de terre les unes au-deſſus des autres; voici l'ordre ſuivant lequel ces différens lits ſe ſuivent.

1, La terre végétale qui a communément une demi-verge d'épaiſſeur.

2, Un ſable rouge de 2 juſqu'à 3 verges.

3, Une glaiſe rouge, d'un quart de verge.

4, Une ſubſtance rouge, de 7 à 8 verges.

Le Lecteur ſe rappellera ce qui a été dit en parlant des lits de Hohenſtein, & il jugera ſi les numéros 19, 20, 21, 22, ne ſont point les mêmes que ceux des numéros 2, 3, 4 dont il s'agit ici, & il verra ſi la Nature n'a point agi dans cette occasion d'une maniere uniforme, quant à l'opération principale.

5, On trouve ensuite l'ardoise brune qui est la même que la pierre de *couleur de foie* de Hohenstein, quant à la couleur; mais la derniere est calcaire, au lieu que celle dont il s'agit ici est argilleuse, & ne fait point effervescence avec les acides; c'est une espéce d'ardoise; elle a 2 verges d'épaisseur.

6, Est pareillement une ardoise argilleuse d'un brun clair, qui a 2 ou 2 $\frac{1}{2}$ verges d'épaisseur.

7, Est un mêlange de glaise de charbon de terre & d'ardoise qui a $\frac{1}{2}$ de verge.

8, Est un très-bon charbon de terre, quoique rempli en plusieurs endroits de pyrite sulfureuse; ce lit a une demi-verge d'épaisseur.

9, Au-dessous de ces charbons de terre est une roche argilleuse grise, fort pesante, qu'on nomme *banckberge*, qui a 8 à 9 verges d'épaisseur.

10, On trouve ensuite un lit de charbon mêlé d'une argille grasse &

noire ; ce lit a 12 à 14 verges d'épaisseur.

11, Le sol sur lequel ce lit de charbon de terre est porté, est une roche compacte, grise, composée d'argille pour la plus grande partie, avec une petite portion de terre calcaire & de mica ; ce banc a six verges d'épaisseur.

12, Une ardoise noire qui est parsemée de pyrites sulfureuses, épaisse d'une verge.

13, Une espéce de charbon de terre d'une mauvaise qualité, que l'on nomme (*wegweiser*) ; sur quoi il faut remarquer que lorsqu'on rencontre cette espéce de substance, les ouvriers ne sont ordinairement qu'à $\frac{1}{2}$ de verge du charbon de la bonne espéce.

14, Est un lit de charbon de terre d'une très-bonne qualité ; il a 8 à 9 verges d'épaisseur.

15. Le sol sur lequel est porté le lit de charbons qui précede, est une roche argilleuse grise & compacte, mêlée de beaucoup de mica ; elle a 2 verges.

16, Une ardoise d'un gris noirâtre dans laquelle on trouve quelquefois des empreintes de plantes ; son épaisseur est d'une verge ou d'un quart.

17, Est un lit de très-bons charbons de terre, qui a 7 à 8 verges d'épaisseur.

18, Une substance nommée *lochen* dans le pays ; c'est une argille feuilletée, d'un noir luisant, parsemée de pyrites sulfureuses, qui a 2 pouces d'épaisseur.

19, Le banc qui suit, est un mélange de charbon de terre, de pyrite sulfureuse, d'ardoise, de spath, &c. il a 2 pouces d'épaisseur.

On voit par-là que la Nature a toujours agi d'une maniere uniforme dans la formation des couches de charbons de terre. * Pour prouver cette vérité, je vais encore don-

* L'Auteur explique ici plusieurs dénominations singulieres que les mineurs donnent dans le pays aux différens lits qui viennent d'être décrits ; on a cru inutile de placer ici une quantité de noms Allemands arbitraires & intraduisibles, & qui d'ailleurs n'apprendroient rien.

ner la ſuite des lits qui accompagnent deux mines de charbons de terre : je vais prendre pour exemple les mines de Lœbegin qui ſont à peu de diſtance de Wettin ; je prie le Lecteur d'y faire attention, d'autant plus que ces couches ont quelque choſe de particulier, & peuvent plutôt être regardées comme un bloc immenſe de charbon, à cauſe de ſa grandeur, que comme des couches ; cependant les différens lits qui l'accompagnent, prouvent qu'on doit la mettre au rang des mines dilatées ou par couches.

On trouve donc 1. La terre végétale qui a pour l'ordinaire depuis une juſqu'à deux verges d'épaiſſeur.

2. Au-deſſous on trouve de la glaiſe qui eſt de la même nature que celle qui a été décrite precédemment, en parlant des mines de Katzenthal ; elle a depuis 2 juſqu'à 6 verges.

3. On trouve du ſable rouge comme aux mines de Wettin, il a 1 ou 1 $\frac{1}{2}$ verge d'épaiſſeur.

4. Une pierre noire, feuilletée,

graſſe au toucher, & argilleuſe, qui a une verge & demie.

5. Une pierre calcaire griſe qui répand une odeur déſagréable quand on la frotte, mais ſon odeur n'eſt point ſi pénétrante que celle de la pierre puante ordinaire. On la nomme la pierre griſe ; elle a une verge & demie d'épaiſſeur.

6. Dans ce lit on trouve une pierre calcaire griſe, mêlée avec un ſpath blanc ſéléniteux ; cette pierre fait efferveſcence avec les acides ; on trouve auſſi dans le même lit une roche rougeâtre & ferrugineuſe, qui eſt entremêlée d'un ſpath ſéléniteux rouge, qui ne fait point une ſi forte efferveſcence que la premiere ; on nomme ces deux pierres, fort improprement dans ces mines, *cailloux gris & rouges* ; Ce lit a 2 à 3 verges.

7. On trouve enſuite une roche griſe compoſée d'argille & de terre calcaire, elle eſt fort épaiſſe, mais elle ne l'eſt point par-tout également ; ainſi on ne peut en déterminer l'épaiſſeur ; on l'appelle la *roche bleue ſolide*.

8. La roche qui précede s'entremêle & se coupe souvent avec une autre pierre que l'on nomme la *roche rouge*, quoiqu'elle tire un peu sur le gris ; elle fait effervescence très-forte avec les acides, & est purement calcaire.

9. Ce qu'on nomme le *guide*, est une espéce d'argille noire, grasse au toucher, entremêlée de charbon de terre, comme dans la mine de Wettin.

10. Une pierre argilleuse noire, qui a de 2 à 3 verges d'épaisseur.

11. Une autre pierre à peu-près de la même nature que la précédente, qui a depuis $\frac{1}{2}$ jusqu'à $\frac{1}{4}$ de verge d'épaisseur.

12. On trouve souvent des masses détachées ou marrons, d'une terre calcaire entremêlée de pyrites sulfureuses; ces corps se rencontrent en général assez fréquemment dans les lits des mines par couches.

13. Les charbons de terre qu'on nomme *charbons du toît* ou *écaille supérieure*, sont une espéce de char-

bons de terre, gras au toucher, & luiſans.

14. On trouve un lit d'une ſubſtance que les ouvriers de ces mines nomment *quartz*; mais ce n'eſt rien moins que cette pierre, c'eſt un ſpath ſéléniteux dans lequel on trouve quelquefois du charbon de terre; mais quelquefois cette ſubſtance coupe & fait perdre le charbon, elle ſe trouve auſſi aſſez ſouvent dans le lit qui précede.

15. Le charbon de terre lui-même eſt gras, & l'on peut aiſément y remarquer qu'il doit ſon origine à une terre argilleuſe & graſſe; il a $\frac{5}{8}$ de verge d'épaiſſeur.

16. Ce qu'on nomme *ſchramberge*, eſt auſſi une eſpéce de charbon; ce lit a de 3 à 4 pouces.

17. Ce qu'on nomme l'*écaille inférieure*; eſt auſſi du charbon, mais ce lit n'a preſque point l'épaiſſeur d'un tiers de pouce.

18. Le *ſol blanc* eſt une eſpéce de roche calcaire griſe, qui a $\frac{1}{2}$ ou $\frac{3}{4}$ de verge.

19. Ce qu'on appelle la *roche bleue*, eſt une ardoiſe noire, peſante, graſſe, luiſante, qui a depuis trois quarts de verge juſqu'à 3 verges d'épaiſſeur.

20. La pierre qu'on nomme *cubique*, eſt une pierre d'un gris clair, compoſée d'argille & de terre calcaire, qui eſt placée en forme de coin dans ce lit.

21. La pierre qui eſt placée en forme de coin eſt de pluſieurs eſpéces; ou c'eſt une pierre calcaire pure, ou c'eſt un mêlange de terre calcaire & d'argille; on en peut diſtinguer juſqu'à 6 ou 8 eſpéces, ſa couleur eſt griſe; elle eſt placée comme ſon nom le porte.

Tout Lecteur qui eſt un peu au fait des mines, verra que celles de Lœbegin ſont un amas de couches qui ont été extrêmement dérangées; on peut ſur-tout le remarquer dans les derniers lits qui ſont d'une pierre qui forme des eſpéces de coins; c'eſt cependant une mine par couches, comme on le voit par tous les lits qui la compoſent, qui ſont un mêlange d'argille & de terre calcaire : il n'eſt point aiſé de concevoir la cauſe de cet arrangement ou dérangement, à moins de convenir du principe que j'ai établi dans la Section précédente ; ſçavoir, que par les obſtacles que les montagnes oppoſées ont préſentés aux eaux, leur action n'a point toujours été uniforme. Si nous faiſons attention que dans le canton dont il s'agit, le Peterſberg ou mont S. Pierre qui eſt dans ſon voiſinage a pû oppoſer un grand obſtacle au courant des eaux, on pourra conjecturer pourquoi ces lits ſont ſi dérangés & diſpoſés d'une façon ſi contraire à leur poſition ordinaire. Je ſuis confirmé dans cette idée par la connoiſſance que j'ai d'une mine de charbon de terre ſemblable, qui eſt à Morſleben & à Weſenſleben près de Helmſtadt. Tout ce pays n'eſt qu'un amas de couches, comme je l'ai fait remarquer dans la Section précédente ; Hornbourg, Oſterwyck, Dardesheim, Schæningen, Sommerſbourg, &c. en fourniſſent des preuves indubitables, tant par les carrieres de pierres à chaux remplies de pétrifications, que parce que plusieurs couches de charbons de terre viennent se terminer dans quelques-uns de ces endroits. Mais c'est près de Morsleben & de Wefensleben qu'on commence à travailler aux mines de charbon de terre; je vais décrire la suite des lits que j'ai eu moi-même occasion d'observer dans ces lieux.

1. On trouve la terre végétale, qui est d'une épaisseur inégale.

2. Elle est suivie d'une substance jaune & brune, composée d'un sable mêlé d'argille & de parties ferrugineuses, elle est de l'épaisseur d'une verge.

3. Une argille grise dans laquelle on ne remarque rien de calcaire, elle est de 3 à 4 verges.

4. Une substance sablonneuse grossiere, qui est un véritable grais qui a depuis 1 jusqu'à 3 verges.

5. Au-dessous de la précédente, est une substance ferrugineuse d'un brun d'ochre, mêlée de sable; d'une verge & un quart d'épaisseur. On

trouve dans ce lit des marrons de la grosseur d'un œuf d'oie, d'un grais ferrugineux & compact.

6. Un grais d'un gris-clair de 2 à 3 verges.

7. Une roche qui est un mélange d'argille & de sable pur; depuis une demi-verge jusqu'à deux verges.

8. Une pierre qu'on nomme *sablonneuse bleue*, qui est une pierre calcaire feuilletée, & mêlée d'argille, qui a $\frac{5}{8}$ jusqu'à $\frac{3}{4}$ de verge.

9. La roche qu'on nomme *roche d'un bleu-clair*, qui est une argille grise, durcie & feuilletée, qui a une verge & demie.

10. La roche sablonneuse blanche qui sert de couverture aux charbons; les charbons tiennent à cette roche: c'est une pierre formée par un mélange d'argille & d'un peu de terre calcaire de l'épaisseur d'une verge & demie. On trouve souvent en sa place, une glaise blanche qui devient pour lors le toît des charbons, & qui est communément de $\frac{3}{8}$ jusqu'à $\frac{1}{2}$ verge.

11. Le lit des charbons de terre

eſt de l'épaiſſeur de 10 juſqu'à 18 verges.

12. La pierre ſur laquelle eſt porté le charbon, eſt une ardoiſe d'un gris-noir de 1 $\frac{3}{4}$ de verge.

13. Un autre lit ſemblable & noir; c'eſt une glaiſe noire, graſſe & feuilletée, d'une verge & trois quarts d'épaiſſeur.

14. Une roche ſablonneuſe griſe, qui eſt du ſable lié par l'argille qui ſe rencontre au-deſſous du ſol.

15. Le ſecond lit de charbon qui eſt d'une très-bonne eſpéce, & de 4 à 5 verges.

16. Le ſol ſur lequel repoſe cette ſeconde couche de charbon qui eſt une glaiſe noire, graſſe & feuilletée, qui a une verge d'épaiſſeur.

17. Une roche griſe ſablonneuſe, qui eſt un mêlange d'argille & de terre calcaire, parſemé de pyrites ſulfureuſes, d'une & demie juſqu'à deux verges.

Le Lecteur voit par-là que ces couches ſont d'une nature toute différente de celles des couches ordinaires; & peut-être s'en ſervira-t-on contre le principe que j'ai posé, lorsque j'ai dit que les couches ont communément des lits de pierre calcaire & d'argille, & on dira que ceux qui viennent d'être décrits font une exception considérable à cette regle. Mais pour répondre à cette objection, j'observerai que j'ai décrit ici les couches des mines de charbon de Morsleben & de Wefensleben, comme elles se sont rencontrées en descendant les puits de ces mines; mais on se souviendra que j'ai dit aussi qu'il ne falloit jamais juger d'une suite de couches d'après un ou deux endroits où on les exploite; mais qu'il falloit observer toute la suite, où le *tractus* de ces couches. A Wefensleben, les gens qui ont entrepris l'exploitation de la mine se sont mis à travailler à l'extrémité de la couche, dans un endroit où plusieurs des lits de la montagne ont déja disparu, ce qu'ils ont fait afin de parvenir plutôt au charbon. En effet, ceux qui travaillent aux mines, considerent les montagnes d'une autre maniere que les Physiciens: les premiers

miers ſont contens lorſqu'ils parviennent plus promptement au charbon ou à l'ardoiſe, au lieu que les derniers ſont curieux de voir l'ordre que la Nature a ſuivi dans la formation de ces couches. En un mot, dans les couches de la mine de Weſenſleben, la couche calcaire a déja diſparu, c'eſt-à-dire, qu'il faut aller plus en arriere pour retrouver ſon extrémité, ou l'endroit où elle ſe termine. En effet, ſi l'on va à Schœningen à une lieue de Weſenſleben, l'on y trouvera des lits conſidérables de pierre à chaux qui ſe montrent à la ſurface de la terre; & même ces endroits ne ſont point inconnus aux Naturaliſtes; on y trouve dequoi orner les cabinets des plus belles pétrifications, des pierres de lys ou encrinites, des cornes d'Ammon, ſur-tout de celles qui ſont remplies d'un ſpath ſéléniteux martial très-fin, & qui deviennent demi-tranſparentes quand on les polit. On ne peut donc point dire que la Nature en produiſant les couches qui viennent d'être décrites en dernier lieu, se soit si fort écarté des regles générales.

Je pourrois actuellement dire quelque chose des couches de sel gemme qui se trouvent à Wielictzka & à Bochnia en Pologne; mais je renvoie le Lecteur aux Tomes 4 & 6 du *Magasin de Hambourg*, où on les trouvera décrites d'une façon très-détaillée par M. Schober, Commissaire des Mines en ces endroits. Voyez aussi les *Transactions Philosophiques*, n°. 61, *année* 1670.

Je me contenterai donc d'avoir prouvé d'après des observations constantes, que les lits des amas de couches, sont principalement composés de terres argilleuses & calcaires, & d'avoir fait voir que les lits d'ardoise & de charbon de terre sont les uns sur les autres & mêlés ensemble; que l'une & l'autre de ces espéces de couches ont été formées en grande partie de terre argilleuse: que les montagnes composées de couches, viennent toujours toucher &

aboutir aux montagnes primitives qui contiennent des filons, & qu'elles ont été produites par une révolution générale arrivée à notre globe & par le moyen des eaux. Outre cela ces observations nous prouvent la différence prodigieuse qui se trouve entre les montagnes à filons & les montagnes à couches. Avant que de faire part de mes idées au Public & de les soumettre au jugement des Sçavans, j'ai souvent délibéré afin de m'assurer de la certitude de mes principes; mais plus j'ai examiné de terreins différens, plus j'ai eu occasion de me confirmer dans mes sentimens; & je me flatte que tous ceux qui examineront sans prévention, seront convaincus comme moi de la vérité de ce que j'ai avancé. Plusieurs Naturalistes avant moi avoient déja attribué les couches à un changement survenu à la terre; mais je n'en connois point qui aient pris la peine d'en faire un systême suivi: cependant la matiere est très-importante à connoître, fur-tout lorfqu'il s'agit d'établir des travaux de mines dans des endroits de cette nature; attendu que par-là on eft en état de juger, finon avec certitude, du moins avec beaucoup de vraifemblance, d'un pareil terrein, & de décider à peu-près de ce qu'on a lieu d'efpérer, ou de la profondeur à laquelle on trouvera les ardoifes ou le charbons de terre. Je regarde ces avantages comme très-grands, en ce qu'ils feront éviter les exploitations inutiles des mines, & contribueront à faire tirer un plus grand parti de celles qui en vaudront la peine. Un examen encore plus détaillé de ces fortes de terreins, rendra la chofe plus fenfible, & je m'applaudirai de mon travail, s'il eft propre à exciter dans des perfonnes plus habiles, l'envie d'entreprendre l'examen d'autres montagnes, d'autant plus que cette carriere eft beaucoup trop étendue pour être fournie par un feul homme. Il fuffit d'avoir commencé à pofer des fondemens fur lefquels on pourra bâtir par la fuite. Mais en voilà affez fur les lits dont les couches font compofées.

SECTION VI.

Des Métaux & des Minéraux qui se trouvent dans les couches.

APRÈS avoir examiné la formation des couches & les substances dont elles sont composées, rien n'est plus naturel que de voir les avantages qu'on en peut retirer; il n'en est point d'autres que ceux que fournit le regne minéral, c'est-à-dire, qu'il faut chercher des métaux & des minéraux dans ces couches. Il est vrai que ce ne sont point-là les seules richesses que la terre accorde à l'homme: tout le regne végétal, & par conséquent tout le regne animal qui se nourrit du premier, doit sa conservation au regne minéral. Mais si nous voulions parcourir un champ si vaste, & examiner convenablement la maniere dont les couches passent dans les plantes & de-là dans les animaux, nous nous écarterions trop de notre ſujet. J'eſpere pourtant qu'on me permettra de m'arrêter ſur quelques points que je renfermerai dans les queſtions ſuivantes.

I. D'où vient la terre eſt-elle propre à l'agriculture dans les terreins où ſe trouvent des couches ?

II. Pourquoi ne croît-il point ordinairement de bois réſineux tels que le pin, le ſapin, &c. dans les terreins compoſés de couches ; & pourquoi au contraire le chêne & le hêtre y croiſſent-ils parfaitement ?

III. Par quelle raiſon exige-t-on comme une marque de bonté, que le vin de Moſelle ait un goût d'ardoiſe ?

IV. Pourquoi les prairies & pâturages ne ſont-ils point ſi bons aux endroits où il y a des couches, que ſur les montagnes primitives qui renferment des mines par filons ?

V. Quelle peut-être la cauſe de ce que le bled ne croît point & jaunit promptement dans les endroits où l'on a anciennement exploité des mines par couches, & amaſſé des ſubſtances qui en ont été tirées ?

Je vais répondre en peu de mots aux queſtions que je viens de propoſer, & je donnerai mes conjectres là-deſſus.

I. Quant au premier point qui regarde la terre propre à l'agriculture, que l'on trouve aux endroits formés par des couches ; cela vient en partie de la poſition unie ou moins inclinée de ces ſortes de terreins. Il eſt certain que lorſque les eaux des pluies & des neiges ne s'écoulent que peu-à-peu d'un endroit élevé ; elles pénetrent beaucoup mieux le terrein & le rendent plus ſpongieux que dans les endroits où elles ont une chûte rapide, ce qui durcit le terrein : cette fertilité vient auſſi en partie de ce que les pluies & les neiges fondues, charrient plus de bonne terre qu'elles emportent de deſſus les couches, pour les répandre ſur les campagnes ; au lieu que, comme nous l'avons déja dit, la bonne terre a déja été emportée de la ſurface des montagnes primitives par le déluge univerſel, de ſorte que les eaux du ciel ne peuvent plus en rien apporter ſinon un ſable groſſier, de la mouſſe, des feuilles de pins ou de ſapins à moitié pourries, ce qui n'eſt point du tout comparable à du terreau. Joignez à cela que la plûpart des couches ſont remplies de grands bancs de pierre calcaire. On ſçait que les eaux ſéjournent plus long-tems dans les terreins unis que ſur les hauteurs d'où elles s'écoulent plus promptement, & ſont plus expoſées à être emportées par les vents & à être évaporées par le ſoleil. Une eau qui demeure trop long-tems ſur un champ, rend le terrein aigre & le refroidit : de quelle maniere le laboureur corrige-t-il cet inconvénient ? Il fertiliſe ſon champ avec de la chaux, par-là il le réchauffe, attendu que la chaux s'échauffe avec l'eau, & la ſubſtance alcaline de la chaux ſe charge de l'acide ſuperflu. Le ſable qui ſe trouve dans les couches ſert à entretenir l'humidité & la poroſité du terrein. Voilà la cauſe de la fertilité des endroits où le terrein eſt composé de couches.

II. La ſeconde queſtion eſt plus difficile à réſoudre; il s'agit de ſçavoir pourquoi le bois de chêne & de hêtre croît aiſément dans un terrein composé de couches, & pourquoi on n'y rencontre point de pins, de ſapins, ni des arbres que l'on nomme en Latin *tæda arbor*, &c. On pourra néanmoins parvenir à lever cette difficulté, ſi on conſidere d'un côté la nature du terrein qui eſt composé de couches, & de l'autre celle du bois de chêne & du hêtre. Je ne dis point que tous les chênes & les hêtres ne croiſſent que ſur les terreins à couches, & je ne diſconviens pas non plus qu'on ne rencontre des ſapins, &c. iſolés & épars ſur les couches. Quant à la ſtructure des chênes, lorſqu'on examine leur bois à l'aide du microſcope on trouve qu'il eſt rempli de trous, & que ſes pores ou les tuyaux par leſquels la ſéve y monte, ſont plus grands & plus larges que ceux des autres bois. On découvre dans ces tuyaux une gomme d'un brun foncé. M. Henckel rapporte dans son *Flora saturnisans*, l'expérience de M. Meuder avec la craie, & prouve que cette terre combinée avec l'acide nitreux donne un suc gommeux épais; si nous faisons attention que la craie n'est qu'une terre calcaire, & si nous nous rappellons que la plûpart des couches sont composées d'une terre de cette nature & d'argille, & si nous considérons que le chêne pour sa croissance, exige sur-tout un suc gommeux épais, comme on peut en juger lorsqu'on examine le bois de chêne au microscope, on sentira la raison pour laquelle les chênes se plaisent dans un terrein où il y a des couches de terre calcaire & d'argille au-dessous de la premiere terre. Il en est de même des hêtres qui demandent un terrein gras pour produire un bois aussi solide: au lieu que le pin, le sapin & le *tæda arbor*, ont un bois beaucoup plus spongieux, qui, pour croître, a plus besoin d'eau que de terre grasse, au point que ces arbres, lorsqu'ils sont dans un terrein gras, humide, & marécageux, ne s'élévent point, deviennent noueux & tortus, & pourrissent au-dessous de la mousse qui se forme au bas de leurs troncs.

III. On demande en troisieme lieu pourquoi un bon vin de Moselle doit avoir le goût de l'ardoise? On sçait que ce goût prouve en faveur de ce vin; bien des gens en boivent sans peut-être sçavoir d'où lui vient ce goût; les habitans de Bacharach, quand ils veulent fumer leurs vignobles, ont ordinairement une provision d'ardoises qu'ils laissent exposées à l'air jusqu'à ce qu'elles se réduisent en une espéce d'argille ou de terre grasse, c'est avec cette terre qu'ils engraissent leurs vignes. On sçait que l'engrais est capable de donner un goût à de certaines plantes, comme on peut le remarquer à l'orge: la même chose arrive aux seps de vignes, & voilà pourquoi ils sont sujets à dégénérer. * Et si

* Une personne qui s'occupoit de la culture de la vigne, est parvenue à faire prendre à un sep de vigne l'odeur de l'anis;

on plantoit les meilleurs ſeps de Tokay, ſur nos meilleurs côteaux ; jamais nous n'aurions pour cela de bon vin de Tokay. Cet engrais avec l'ardoiſe procure encore au vin de Moſelle l'avantage de le rendre plus doux, car cette eſpéce d'ardoiſe étant mêlée avec une terre calcaire ſubtile, ſa partie alcaline ſe charge dans la croiſſance d'une grande portion de l'acide qui ſans cela reſteroit dans le vin. Nous voyons en d'autres endroits qu'un vin qui eſt venu ſur un terrein d'ardoiſe, eſt plus agréable que celui qui eſt venu ſur un terrein gras & marécageux. Les vins de Scharfenberg, de Hofeloſnitz, de Weinpiel en Saxe, ſont beaucoup meilleurs que ceux de Kotſchenbroda, de Caditz, de Loſchewitz & de Blaſewitz.

IV. Quant à ce que les prairies & les pâturages ne ſont point ſi bons

il y a tout lieu de croire que ſi l'on faiſoit un plus grand nombre d'expériences de ce genre, on parviendroit à faire des découvertes très-ſingulieres ſur la végétation.

pour les bestiaux dans ces sortes de terreins que sur les montagnes les plus élevées, je crois que cela vient de ce que les lits de glaise qui sont au-dessous de la terre végétale arrêtent les eaux & les empêchent de s'écouler; elles restent donc sur les prairies & font que les herbes deviennent aigres. L'expérience journaliere prouve que cette explication est fondée ; en effet, nous voyons que le foin qui a été recueilli dans des endroits bas, humides & marécageux, n'est point à beaucoup près si nourrissant que celui qu'on recueille sur les prés plus élevés. D'ailleurs nous voyons par expérience que dans les montagnes de la Suisse, dans celles du Hartz & dans la partie montueuse de la Saxe, le soin des bestiaux fait l'article le plus important de l'œconomie rustique, au lieu que l'agriculture y est dans un état misérable, en comparaison des pays de plaine.

V. Il nous reste encore à examiner pourquoi le bled ne réussit point dans les endroits où l'on a autrefois amassé les mines qui ont été tirées des couches de la terre, quand même on se seroit donné la peine d'égaliser le terrein ? Nous avons déja dit plus haut que les habitans de Bacharach se servent d'ardoise pour l'engrais de leurs vignes, & que cela contribue à faire réussir leurs vins ; cependant les ardoises tirées des couches, ne sont point propres à l'engrais, cela vient de la grande quantité de vitriol qui est contenu dans ces ardoises, qui nuit à la croissance des végétaux ; cela vient aussi des exhalaisons minérales qui sortent en abondance des souterreins & des ouvertures que l'on a pratiquées dans ces couches. Une expérience constante nous apprend que dans les endroits où des filons courent sous terre à peu de profondeur, les grains qu'on a semés à la surface de la terre, viennent à la vérité, mais à peine sont-ils sortis de deux doigts de terre, qu'ils jaunissent & se flétrissent. Il est aisé de voir la raison de ce phénomene ; en effet, les secondes semailles se font ordinairement en automne pour les grains d'hyver, & au printems on ſeme les grains d'été; dans ces deux ſaiſons le ſoleil n'a point autant de force qu'au mois de Mai & de Juin, pour faire ſortir les vapeurs minérales du ſein de la terre; il peut donc ſe faire que les grains qui ont été ainſi ſemés levent, mais auſſi-tôt que le ſoleil commence à agir plus fortement & plus profondément ſur le terrein, il en fait ſortir une plus grande quantité de ces vapeurs, qui s'attachent aux végétaux & nuiſent à leur croiſſance. Mais plus les couches & les filons des mines ſont enfoncés en terre, moins les exhalaiſons & moufettes qui ſortent par les fentes ſont en état de nuire aux plantes. On ne peut cependant point nier qu'il n'y ait des ardoiſes propres à l'engrais des terres, comme M. Henckel le rapporte dans ſon *Flora ſaturniſans*. Mais ſi l'on conſidere que cet Auteur fait remarquer que ces ardoiſes ſont en grande partie compoſées de marne & par conſéquent calcaires, & outre cela, comme il obſerve qu'on les avoit laiſſé expoſées pendant quelques années aux injures de l'air afin de s'y décompoſer ; on voit aiſément que pendant ce tems le ſoleil a en quelque façon calciné cette marne, qui par-là eſt devenue propre à ſe décompoſer comme de la chaux vive, & parconſéquent à procurer les mêmes avantages que la chaux pour l'engrais des terres ; l'on voit auſſi que l'on ne peut point attendre les mêmes effets des ardoiſes chargées de parties métalliques.

Mais je m'écarte trop de mon ſujet qui eſt d'examiner dans cette Section les métaux & les minéraux qui ſe rencontrent dans les couches. Pour ſuivre un ordre convenable, je me ſervirai de la diviſion ſuivante. Eu égard :

1° Aux terres.

2° Aux ſels.

3° Aux ſubſtances ou minéraux inflammables.

4° Aux métaux.

5° Aux pierres.

1. Quant aux terres qui ſe trouvent dans les couches, nous avons

vû jusqu'ici qu'elles sont pour la plûpart composées d'argille & de terre calcaire ; mais comme ces terres sont si variées, nous allons en examiner les différentes espéces avec un peu d'attention. L'argille bleue est la terre qui se trouve le plus communément dans les couches, elle sert de base aux ardoises, elle fournit le lien qui unit ensemble différentes espéces de pierres dans ces couches, souvent même elle est mêlée avec une grande quantité de pierre calcaire, & il paroît que cette terre contribue beaucoup à la formation du sel marin qui se rencontre communément à la partie supérieure des amas ou montagnes formées par couches, comme nous le ferons voir plus bas, lorsque nous parlerons des sels qui se trouvent dans les couches. C'est cette terre argilleuse, qui dans les couches, est la matrice la plus ordinaire des métaux, ils n'y sont à la vérité point engendrés, mais ils y sont déposés par les vapeurs & par les eaux, & s'y montrent sous la forme qui leur est propre ; c'est elle qui dans les montagnes à couches sépare les différens lits les uns des autres. Nous voyons aussi que l'argille ou glaise affecte volontiers dans les plaines mêmes une position parallele à l'horison ; & cela n'est point propre à cette espéce de terre argilleuse : cela arrive encore à différentes espéces de terres de différentes couleurs, aux terres bolaires, au tripoli, à la terre à foulons. Nous voyons par-là que communément toutes les terres colorées, telle qu'est celle que Christian Richter a décrite sous le nom de *Terra miraculosa Saxoniæ*, aussi-bien que toutes les terres qu'on nomme *sigillées*, telle que celle de Lemnos, &c. se trouvent par lits : il en est de même de la terre bleue d'Eckersberg dans le Duché de Weissenfels, que M. Ludwig a mise au rang des tripolis, qui est d'abord tout-à-fait blanche, mais qui devient bleue à mesure qu'on la laisse exposée à l'air : en Silésie, à peu de distance d'Oppeln, j'ai trouvé des couches où il y avoit une terre bleue de la même espéce, elle contenoit 25 livres de fer au quintal ; & étoit aussi blanche au commencement. On rencontre une quantité infinie de ces sortes de terres qui sont toujours par lits. On doit encore mettre au rang des terres qui sont arrangées par lits, un grand nombre de terres calcaires dont plusieurs sont devenues de vraies pierres à chaux, & dont d'autres ont formé des couches de marne calcaire sous la terre. Nous avons déja dit, en décrivant les lits de différens amas de couches, combien les lits calcaires s'y trouvent communément ; il ne doit donc point rester de doutes là-dessus. De plus, si on considere la prodigieuse quantité de lits calcaires, on trouvera, sinon par-tout, du moins dans la plûpart des endroits, que leur position est ordinairement horisontale ; on en a dit la raison dans la Section quatrieme. Que dira-t-on des carrieres de marbre qui n'est qu'une espéce de pierre calcaire qui se trouve toujours par lits ? Il y a plus, presque toutes les autres espéces de terres, sous quelque nom qu'on les désigne, soit qu'on les appelle terres bolaires, craie, stéatite, craie noire, &c. se trouvent par lits horisontaux.

2. A l'égard des sels, il n'y en a gueres, si l'on n'en excepte le salpêtre & le borax, qui ne se trouvent dans des lits. Peut-être même que dans l'Inde d'où on nous apporte une très-grande quantité de nitre, ce sel se trouve-t-il aussi dans des couches. Mais au défaut de relations suffisantes je me trouve obligé de n'en rien dire, non plus que du borax. Cependant un fait qui mérite notre attention, c'est que dans nos pays la formation artificielle du salpêtre ne réussit nulle part mieux que dans les pays de Magdebourg & de Halberstadt, & que l'on mêle beaucoup d'argille avec les décombres dont on veut tirer le salpêtre. Quant au sel marin, une chose digne de remarque, c'est qu'on rencontre toujours des fontaines salantes dans les cantons où les montagnes composées de couches se perdent dans les plaines. Halle, Stas-

furt, Schœningen, Hartzbourg, Saltzgitter, Unna, Frankenhausen & d'autres endroits en fournissent des preuves convaincantes. On a donc toutes les raisons de croire que les couches, & sur-tout les lits calcaires qui s'y trouvent, doivent contribuer beaucoup à la formation des fontaines salantes; surtout si on se rappelle que Stahl dit en plusieurs endroits de son *Traité des sels*, que la terre qui sert de base au sel est une terre calcaire. Un fait qui mérite encore plus de réflexions, c'est celui que rapporte Buttner dans son *Rudera diluvii testes*, page 230 & suiv. Il y dit, que l'on a trouvé du sel en crystaux dans les ardoises de Bottendorf & qu'un morceau de ces ardoises, après avoir été calciné, se couvrit en une nuit d'un enduit de sel. Cet Auteur veut se servir de ce fait pour prouver que le sel & les fontaines qui en fournissent, viennent du déluge universel; mais il me semble que la Nature par les décompositions, combinaisons, & appropriations qu'elle opere est en état de produire de nouveaux mixtes, & nous ne sçavons point ce qu'une terre peut devenir par la suite des tems, par la seule combinaison avec des eaux de différentes espéces. Nous voyons aussi dans les chambres graduées des salines, que la terre calcaire se dépose abondamment dans les cuites du sel. Nous voyons aussi qu'en Pologne, aux endroits où l'on tire le le sel gemme, le terrein est par couches, où les coquilles qui y sont répandues prouvent une révolution arrivée à la terre. Suivant le rapport de M. Schober, on y rencontre aussi des lits argilleux & calcaires qui se succédent & se confondent; le sel gemme lui-même se trouve par lits. *

* M. Schober, que M. Lehmann cite ici, a donné dans le *Magasin de Hambourg*, un Mémoire très-curieux; on a cru faire plaisir aux Lecteurs qui ne peuvent point consulter ce Recueil qui est en Allemand, de leur en donner ici le précis, d'autant plus qu'il est très-propre à faire voir la maniere dont un grand nombre de couches ont été formées, & à prouver que de foibles causes peuvent produire à la

Comme j'ai dit dès le commencement de cet Ouvrage que je ne voulois écrire qu'en Historien, je laisse

longue des effets très-considérables.

La *Sala* ou *Saale* est une riviere de la Thuringe, qui se jette dans l'Elbe ; elle est peu considérable & peut être comparée à la Marne : M. Schober voyant qu'à la suite d'une pluie, ces eaux s'étoient chargées de beaucoup de terre, ce qui la rendoit fort trouble, eut la curiosité d'examiner combien ces eaux contenoient de parties terrestres. Pour cet effet le 20 de Mai 1748, à 5 heures du soir, il puisa de l'eau de la Sala chargée de limon, dans un vaisseau qui contenoit 10 livres 3 onces & 2 gros, poids de Dresde; vingt-quatre heures après, il puisa la même quantité d'eau dans un autre vaisseau pareil; il laissa ces deux vaisseaux en repos afin que le limon eût le tems de se déposer au fond ; au bout de quelques jours, quand l'eau contenue dans les deux vaisseaux se fût éclaircie ; il la décanta & prit le limon qui étoit tombé au fond, qu'il fit sécher au soleil ; il trouva que l'eau du premier vaisseau avoit déposé 2 onces & 2 $\frac{1}{2}$ gros de limon ou de glaise, & que celle du second vaisseau en avoit déposé seulement 2 gros; ainsi 20 liv. 6 $\frac{1}{2}$ onces d'eau avoient donné 2 onces & 4 $\frac{1}{2}$ gros de limon séché. Pour pouvoir faire son calcul & avoir un prix commun, M. Schober humecta de nouveau cette

à d'habiles

à d'habiles Chymistes le soin d'examiner pourquoi les fontaines salantes

glaise, & il en forma un cube qui avoit un pouce en tout sens; ce cube pesoit une demi-once & 3 $\frac{4}{25}$ gros; sur ce pied-là un pied cube ou 1728 pouces cubiques devoient peser 96. livres & 10 $\frac{1}{2}$ onces. Le pied cube d'eau pese 50 livres; ainsi en prenant 138 pieds cubes de l'eau telle que celle qui avoit été puisée dans le premier vaisseau, contre un pied cube de limon ou de glaise, il faudra compter 247 pieds cubes d'eau pour les deux expériences prises à la fois. M. Schober observe que par une ouverture qui a un pouce de largeur & 12 pouces de hauteur il passe 1295 pieds cubes d'eau; l'eau de la Sala, resserrée par une digue, passe par un intervalle de 186 aunes ou de 372 pieds de Dresde, ce qui fait 4464 pouces; si elle est restée seulement pendant une heure aussi trouble que celle du premier vaisseau, il a dû passer en une heure 5780880 pieds cubes d'eau qui ont entraîné 41890 pieds cubes de limon ou de glaise, ce qui fait une quantité suffisante pour couvrir de l'épaisseur d'un pied, une surface quarrée de 204 pieds. mais en prenant ensemble le produit des deux vaisseaux, puisque 20 livres 6 $\frac{1}{2}$ onces d'eau ont donné 2 onces 4 $\frac{1}{2}$ gros de limon; & si on suppose que l'eau a coulé de cette maniere pendant vingt-quatre heures, on trouvera que pendant ce tems il a dû s'écouler 138741120 pieds cubes d'eau

ſe trouvent toujours aux endroits où les couches ſe terminent. On ne peut

qui ont charrié 561705 pieds cubes de limon, qui ſuffiſent pour couvrir d'un pied de hauteur, une ſurface quarrée de 749 pieds.

De ces expériences & de ces calculs M. Schober en conclut, que ſi la Sala qui n'eſt qu'une petite riviere en comparaiſon de beaucoup d'autres, entraîne une ſi grande quantité de limon, combien doit-on préſumer que les grandes rivieres ſont capables d'en entraîner dans l'eſpace de pluſieurs ſiécles; par conſéquent ce limon doit former avec le tems des couches immenſes au fond de la mer où ces rivieres vont ſe rendre, & par-là le lit de la mer doit ſe hauſſer & ſe remplir. Il eſt vrai que tout ce limon ne va point juſqu'à la mer, il y en a une partie qui ſe dépoſe en route, ſur-tout lorſque les rivieres rencontrent des plaines où elles peuvent s'étendre, & où par conſéquent leur courant n'eſt plus ſi violent; mais comme les rivieres deviennent plus grandes à meſure qu'elles approchent de leur embouchure, elles regagnent de reſte ce qu'elles avoient dépoſé, & elles doivent toujours finir par porter une quantité prodigieuſe de limon & de vaſe à la mer. La quantité de vaſe que les rivieres charrient dans la mer, doit cependant varier conſidérablement, ainſi que la nature des dépôts qu'elles y font; c'eſt de-là que viennent les différentes couleurs que prennent leurs eaux; cela vient auſſi des manquer de rencontrer du vitriol dans les montagnes par couches ;

endroits où il a plu abondamment ſur les bords de ces rivieres, des terreins qu'elles traverſent, &c. Voilà ſur quoi eſt fondée la connoiſſance de ceux qui habitent le long des rivieres de la Sala ; par ſa couleur ils jugent des endroits où il a tombé de la pluie. Il eſt encore aiſé de conclure de-là qu'il doit ſe former dans le lit de la mer des couches de différente nature, ſemblables à celles que nous voyons à la ſurface de la terre & dans ſon intérieur : ces couches doivent auſſi varier pour l'épaiſſeur, parce que les rivieres ne charrient point tous les ans une égale quantité de terre, & d'ailleurs ces couches doivent être ou plus fortes ou plus minces ſuivant qu'elles ſont portées plus ou moins loin de l'embouchure des rivieres qui les ont entraînées. Il n'eſt point difficile de concevoir la raiſon pourquoi ces différentes couches ſont remplies de poiſſons, de coquilles, & d'autres corps marins ; M. Schober fait auſſi remarquer qu'il eſt aiſé de ſentir pourquoi les ſurfaces des couches ſont inégales, raboteuſes, & forment des ondulations comme celles des vagues agitées par les vents : il dit avoir trouvé des couches de cette eſpéce à 600 pieds de profondeur en terre dans les mines de ſel de Pologne : à l'humidité près qui avoit diſparu, elles étoient comme ſi l'eau de la mer n'eût fait que de s'en retirer ; une de ces couches s'étoit nous avons vû qu'elles ſont remplies de mines de fer, & de pyrites ſulfureuſes & vitrioliques. En effet, on trouve le vitriol d'une façon ſenſible, & ſouvent tout formé ſur les pyrites en marrons qu'on rencontre fréquemment dans les lits: les ſubſtances qu'on a tirées de la terre ſe décompoſent & ſe couvrent en très-peu de tems d'un enduit vitriolique lorſqu'on les expoſe à l'air. Quelquefois le vitriol ne ſe montre qu'après que ces matieres ont été calcinées, & nous voyons que quelques ardoiſes ou pierres feuilletées après avoir été expoſées au feu, ſi on les laiſſe quelques tems entaſſées de maniere à

écroulée parce qu'on l'avoit minée en deſſous pour retirer la couche horiſontale de ſel gemme qui lui ſervoit d'appui, & l'on y diſtinguoit parfaitement les différens bancs dont elle étoit compoſée. *Voyez le Magaſin de Hambourg, Tome III. page 490 & ſuiv.*

Des obſervations de ce genre ſont très-importantes & très-propres à jetter du jour ſur l'Hiſtoire Naturelle: elles prouvent indubitablement qu'il n'eſt pas beſoin d'avoir recours au déluge pour expliquer la formation d'un grand nombre de couches, pouvoir être humectées & séchées successivement, se couvrent de vitriol; je ne parle point ici des mines de cuivre. Les ardoises ne sont point les seules substances qui donnent du vitriol; la même chose arrive aux charbons de terre, & les pyrites qui s'y trouvent en se décomposant, sont souvent cause qu'ils perdent leur liaison à l'air. Il y a encore des ardoises dans lesquelles le vitriol se montre même sans qu'il se soit fait de décomposition ou d'efflorescence; cela arrive sur-tout à celles qu'on nomme en Allemand *Kupferhiecken*, qui ne sont que des petits grains pyriteux couverts d'un enduit verd, qui se trouvent dans quelques espéces d'ardoises. Nous voyons aussi que ce sel se trouve dans quelques lits d'une autre espéce, telles sont les mines d'alun, où suivant l'expérience, le vitriol se trouve très-abondamment. On sçait que la mine qui donne l'alun se trouve ordinairement par lits qui sont composés soit d'une terre particuliere, soit de charbons de terre. Boccone nous aprend dans son *Museo di Fisica e di Experienze*, *page* 246, que la mine d'où on tire l'alun romain se trouve par lits, & il rapporte que l'on rencontre aussi dans les cantons qui sont aux environs de ces lits, des eaux minérales & thermales. * Comme je me suis proposé de prouver par l'expérience tout ce que j'avancerois, je vais en user de la même maniere. A l'endroit où les montagnes de couches se terminent du côté du Comté de Mansfeld vers Mersebourg près de Lauchstadt, on trouve une source d'eau minérale & thermale. Tœplitz qui, comme nous avons dit, est un pays de couches, a une source d'eau thermale, & Bilin qui en est à peu de distance, a des eaux minérales. Carlsbad est situé dans un terrein rempli de couches. Les eaux thermales d'Aix la Chapelle sortent d'un pays de couches. Landeck est placé dans un endroit où les couches se terminent dans la plaine, & l'on y trouve des eaux thermales & minérales.

* Voyez les deux notes qui suivent immédiatement.

Warmbrunn près de Hirſchberg en Siléſie, eſt ſitué au pied du mont des Géants (*Rieſenberg*); le pays des environs n'eſt compoſé que de couches calcaires, &c. & l'on y trouve des eaux thermales. Pour peu qu'on y faſſe d'attention, on verra que par-tout on pourra faire la même remarque; cela n'eſt pas ſurprenant; car ſi nous faiſions réflexion que ces eaux donnent communément un ſel neutre; nous verrions aiſément qu'elles doivent leur chaleur aux pyrites ſulfureuſes & aux parties ferrugineuſes qui ſe décompoſent ſous terre; l'acide vitriolique qui ſe dégage par-là, attaque la pierre calcaire qui eſt par lits, il en diſſout une partie, & il forme un ſel neutre avec cette ſubſtance alcaline.

3. Quant aux ſubſtances inflammables, elles ſe trouvent auſſi communément par lits. Nous allons les conſidérer par ordre. Le ſoufre natif ne ſe trouve jamais que dans des couches. Boccone décrit à la page 243 de l'Ouvrage que j'ai déja cité, des terres ſulfureuſes qui ſe trou-

vent par lits & dont on tire le soufre à Bracciano, à peu de distance de Rome. * M. Schober dans la des-

* L'Auteur n'a point fait attention que les couches dont Boccone parle dans cet endroit ont été formées par des feux souterreins dont l'Italie a dû être fouillée, dans les tems mêmes dont l'Histoire n'a point conservé le souvenir; ces couches sont très-différentes de celles qui ont été formées par les eaux, & il n'est point surprenant que les premieres soient remplies de soufre qui a été dégagé par les embrasemens souterreins. De plus, il paroît que jamais on ne trouvera de soufre natif que dans les endroits où il y a, ou du moins où il y a eu anciennement des feux souterreins ou des volcans. A l'égard des environs de Rome, les observations que M. de la Condamine a faites en dernier lieu dans son voyage d'Italie, qui ont été insérées dans le *Mercure de France du mois de Septembre* 1757, prouvent que tout ce pays a éprouvé dans l'antiquité la plus reculée, des révolutions de la part des volcans; en effet, ce Sçavant & zélé Académicien nous apprend que le Palais de Tullus Hostilius Roi de Rome, dont il reste encore une partie & qui est le plus ancien édifice de cette ville, est bâti de *lave*, qui, comme on sçait, est une matiere fondue qui découle des volcans pendant leurs éruptions. Il n'est donc pas surprenant que l'on trouve du soufre, de l'alun

cription insérée dans le *Magasin de Hambourg*, parle de soufre natif qui se trouve par lits en Pologne. On connoît assez le soufre & l'orpiment natif de Hongrie, sur-tout celui qui vient de Neusohl & de Servie. Je ne parle point ici des pyrites sulfureuses qui se trouvent abondamment dans les couches. On ne peut point douter que le succin ne se trouve de cette maniere, dans des couches, & même on a la preuve que souvent il s'est trouvé, formant

& du sel ammoniac dans les couches qui ont été ainsi formées. Indépendamment de l'Italie, il y a bien d'autres pays en Europe où il y a eu anciennement des embrasemens souterreins dont on ne se doute point, mais qui ne peuvent échapper à l'examen des Naturalistes attentifs. Quant aux couches où il se trouve du naphte & du pétrôle, elles indiquent un feu actuellement allumé sous terre, qui met, pour ainsi dire, les charbons de terre en distillation; car en suivant la remarque de M. Rouelle, tous les embrasemens souterreins ne se font point avec éruption & fracas, il y en a qui agissent en silence dans le sein de la terre, & l'on a lieu de les supposer dans le voisinage des endroits où l'on trouve des eaux thermales, du pétrôle, de l'alun, &c.

lui-même un lit. M. Henckel nous en donne un exemple dans ses *Opuscules Minéralogiques*, page 540, à l'occasion du succin trouvé près de Schmiedberg ; d'ailleurs nous en avons l'expérience près de Berlin ; je possede des morceaux de succin qui ont été trouvés dans une glaisiere du voisinage. On en rencontre aussi quelques morceaux près de Potzdam, dans l'endroit d'où on tire de la terre pour faire des tuiles, & même on trouve quelquefois des morceaux de succin dans la couche de mine de fer de Zehdenick, qui est à quelques lieues d'ici, & l'on ne creuse gueres de puits, sans en rencontrer dans les lits que l'on est obligé de percer. Boccone, *page* 174 *& suiv.* parle de bitume trouvé dans des couches horisontales près de Viterbe, près de Parme, en Sicile & en d'autres endroits ; & même on sçait que l'on peut à l'aide de la Chymie, tirer un vrai pétrôle de la terre alumineuse de Freyenwald, & sur-tout de celle qu'on nomme *terre d'alun sauvage*. Les sources de naphte des environs de Baku en Perſe, dont M. Lerche parle dans *l'Académie des mines de la Haute Saxe*, ſe rempliſſent auſſi en ſortant des couches horiſontales. Quant aux charbons de terre, c'eſt une choſe très-décidée qu'ils ſe trouvent par couches, de quelque nature qu'ils ſoient; & comme le jais ou jayet eſt une eſpéce de charbon de terre, il ſuit auſſi qu'on le trouve par lits. La raiſon pourquoi ces ſubſtances inflammables ſe trouvent ſi communément & en ſi grande abondance dans les couches, vient, ſuivant les apparences, de la grande quantité d'acide vitriolique qui eſt contenu dans ces couches, qui, par ſa combinaiſon avec une terre graſſe, forme toujours du ſoufre; mais cela eſt du reſſort de la Chymie. * On doit

* Il n'y a rien de plus probable que les charbons de terre, le jayet, le ſuccin, la terre alumineuſe, &c. ont une même origine, & ont été produits par des végétaux, & ſur-tout par des bois réſineux qui ont été enſévelis dans le ſein de la terre; mais qui y ont ſouffert une décompoſition plus ou moins grande; en effet, par la

auſſi placer ici les terres graſſes & bitumineuſes qui s'allument à la flam-

diſtillation on en tire les mêmes produits que de la vraie réſine des arbres; mais ce qui donne un très-grand dégré de probabilité à cette conjecture; c'eſt que ſouvent on trouve au-deſſus des mines de charbons de terre, du bois qui n'eſt point du tout décompoſé, & qui l'eſt davantage à meſure qu'il eſt enfoncé plus avant en terre; l'ardoiſe qui ſert de toît ou de couverture au charbon, eſt ſouvent remplie des empreintes de plantes qui accompagnent ordinairement les forêts telles que les fougeres, des capillaires, &c. Ce qu'il y a de plus remarquable, c'eſt que ſuivant les obſervations que M. de Juſſieu a faites dans les mines de S. Chaumont en Lyonnois, toutes ces plantes dont on trouve les empreintes, ſont exotiques, & ſont entierement différentes de celles qu'on rencontre dans le climat que nous habitons actuellement. *Voyez les Mémoires de l'Académie Royale des Sciences*, *année* 1718. Le bois foſſile qui étoit au-deſſus des mines de charbons de terre du Comté de Naſſau, & dont a envoyé pluſieurs morceaux à feu M. de Réaumur, étoit très-dur, très-compact, rempli de réſine, & ſemblable à quelques bois d'Amérique que l'on employe dans les ouvrages de marquetterie. A l'égard du jayet ou jais (*gagates*) on en trouve dans le Duché de Wirtemberg, qui a exactement la forme d'un arbre, & dans me, & qui en brûlant, répandent une odeur particuliere, telle est celle d'Artern dans la Thuringe, la

lequel on voit tout ce qui caractérise le tissu ligneux. *Voyez Selecta Physico-Œconomica, vol.* 1. *page* 442. Quant au succin on a remarqué qu'il se trouve dans des couches de sable au-dessus desquelles il y a des couches de bois fossile, qui, suivant les apparences, fournit la résine qui en est découlée ; cette résine ou ce succin renferme souvent des insectes, qui considérés attentivement, n'appartiennent point au climat où on les rencontre présentement. Enfin, la terre alumineuse est souvent feuilletée, & ressemble à du bois, tantôt plus, tantôt moins décomposé. Concluons de tout cela que la terre a éprouvé bien des révolutions dont l'Histoire ne nous a conservé aucuns monumens. Pour concevoir la maniere dont une grande quantité de bois peut être portée dans le sein de la terre, on n'aura qu'à faire attention à ce que dit M. de la Condamine dans son *Voyage dans l'intérieur de l'Amérique méridionale*, où il nous apprend que la riviere des Amazones entraîne une quantité immense d'arbres & presque des forêts entieres, qui sont portées dans la mer. M. Gmelin dans son *Voyage de Sibérie*, a observé pareillement, que la mer apportoit une quantité prodigieuse de troncs d'arbres qui s'amassent sur ses bords, & y forment à la fin des espéces de montagnes.

terre de Merſebourg qui répand une odeur agréable, celle de Gera qui a l'odeur de la gomme animé, & enfin, une terre argilleuſe que j'ai découverte en Siléſie, qui a l'odeur du camphre, & qui, quand on la brûle, répand une odeur de ſoufre. Toutes ces terres ſe trouvent par couches. La tourbe qui eſt toujours placée horiſontalement, appartient auſſi pour cette raiſon, aux ſubſtances inflammables du regne minéral qui ſe trouvent par couches, quoique originairement elle ſoit redevable de ſon exiſtence au regne végétal; cependant, comme cette ſubſtance eſt pénétrée par un ſoufre ſubtile & par un bitume terreſtre, elle me ſemble mériter de trouver place ici. Voilà en peu de mots les ſubſtances minérales inflammables qui ſe forment ordinairement dans les couches & dans les lits qui les compoſent.

4. Nous en ſommes actuellement aux métaux. Tout le monde ſçait qu'on les diviſe en parfaits & en imparfaits; la Nature produit les

métaux de l'une & de l'autre espéce, soit natifs soit minéralisés. Nous allons d'abord examiner les métaux natifs, & nous verrons s'ils se trouvent dans des couches: nous considérerons ensuite ceux qui sont minéralisés. Personne n'ignore que l'or n'est jamais minéralisé, mais il se trouve toujours natif ou vierge, c'est-à-dire, tout formé dans sa matrice; quoique souvent il y soit répandu en particules si déliées, qu'on chercheroit vainement à le découvrir, même à l'aide des meilleurs microscopes. Je ne sçache point qu'on ait encore trouvé de l'or dans des couches, quoique Volckmann dans sa *Silésie souterreine*, & beaucoup d'autres Auteurs parlent d'ardoise, de charbons, &c. contenant de l'or. Il semble donc que les couches ne sont point une matrice propre à la formation de l'or; il seroit donc superflu de s'arrêter plus long-tems sur ce métal, d'autant plus qu'à la fin de cette Section, je compte parler de la génération des métaux dans les couches. Je prie ſeulement le Lecteur de remarquer d'avance, que je dis que jamais on n'a trouvé d'or dans les lits dont les montagnes par couches ſont compoſées.

On a quelquefois trouvé de l'argent en petits feuillets, ou ſous la forme de cheveux, dans de l'ardoiſe ; mais les morceaux qui ſont dans ce cas ſont plutôt propres à orner les cabinets des Curieux qu'à faire l'objet du travail d'une fonderie.

Il eſt moins rare de trouver du cuivre natif ſur de l'ardoiſe. Celles de Bottendorf ſont fameuſes, il s'en eſt cependant encore trouvé ſur des pierres qui formoient d'autres lits. Ce cuivre eſt communément ſous la forme de filets ou de cheveux.

Quant à l'étain natif, on ſçait qu'il n'en exiſte point qui ait été produit par la Nature ſans le ſecours du feu ; la choſe eſt auſſi très-douteuſe pour le plomb, quoiqu'on n'ait point encore pû tirer au clair l'origine des grains de plomb de Maſſel en Siléſie. Puiſque j'ai occaſion d'en parler, je vais faire une petite digreſſion pour dire ce que je penſe là-deſſus. Ayant fait au printems 1755 un voyage en Siléſie, par ordre du Roi, je me ſouvins que Volckmann à la page 233 de ſa *Siléſie ſouterreine*, dit que près de Schonewald dans le territoire de Munſterberg, ſur le chemin qui paſſe par Silberberg, on trouve près de la route des morceaux de plomb natif de la groſſeur d'un pois ou d'une féve, & même quelquefois plus gros, & qu'il y a au même endroit une éminence de glaiſe dans laquelle ſe trouve auſſi du plomb natif. Cet Auteur ne ſe trompe point; mais ce plomb ſe trouve par une raiſon toute naturelle, car c'eſt près de ce chemin qu'étoit anciennement la fonderie où l'on traitoit la mine de Silberberg : il eſt tout ſimple de ſuppoſer que l'on a jetté en un tas beaucoup de plomb avec les ſcories; ce plomb a été par la ſuite entraîné par la pluie & par d'autres accidens, juſqu'au grand chemin où on le trouve actuellement; la même choſe peut avoir eu lieu près de Maſſel. Voilà comment il eſt aiſé d'être trompé lorſqu'on ne fait point attention à toutes les circonstances. Volckmann tombe dans la même faute, lorqu'il dit au même endroit, qu'on tire du plomb d'une terre jaune qui se trouve près de Tarnowitz: s'il eût dit que c'est d'une terre blanche, il eût dit la vérité, & l'on entendroit par-là la mine de plomb blanche qui se trouve dans ce lieu; mais ne voit-on pas que sa prétendue terre jaune est de la calamine qui ne donne point de plomb par elle-même; mais le plomb vient de la mine de plomb qui y est contenue, & renfermée dans la calamine. Je vais par la même occasion, relever encore quelques fautes de la même nature; lorsque j'étois à Tarnowitz, on m'apporta une espéce de mine de plomb sous le nom de *mine de plomb rouge*, & on prétendoit qu'elle avoit été ainsi formée par la Nature, & je crus devoir m'en tenir à ce qu'on en disoit; mais après l'avoir attentivement examinée, je vis que c'étoit de la litharge qui avoit été jettée avec les scories qu'on avoit ôtées de la fonderie. Il y a quelques années qu'étant à Clausthal au Hartz, M. Schleum, Inſpecteur des mines, me fit voir un morceau d'une ſubſtance qui n'étoit compoſée que de feuillets placés les uns ſur les autres; elle étoit très-peſante & avoit la forme d'un cône tronqué, percé d'un trou dans toute ſa longueur; on avoit trouvé pluſieurs corps ſemblables en creuſant ſous terre près de Leerbach; les expériences qu'on fit avoient prouvé que c'étoit de la litharge: malgré cela bien des gens crurent que c'étoit une litharge foſſile ou faite par la Nature; mais M. Schleum qui s'étoit apperçu que tous ces morceaux étoient de la même forme & percés de la même maniere, devina l'énigme, & prouva que c'étoient des reſtes d'une ancienne fonderie, où ſuivant la méthode d'Agricola, on ſe ſervoit de morceaux de fer pointus pour remuer la matiere fondue pendant la coupelle, & pour enlever la litharge qui s'attachoit par couches à la baguette de fer, dont on la détachoit enſuite après qu'elle s'étoit refroidie & durcie: c'eſt-là ce qui avoit fait prendre à ces morceaux la forme qu'on leur voyoit; par la négligence des ouvriers on les avoit jetté avec les ſcories. * Tout cela prouve qu'il eſt aiſée de ſe tromper quand on ne conſidere les choſes que ſuperficiellement. Mais je ſens que je m'écarte de mon objet.

On n'a point encore trouvé de fer natif dans des couches, & c'eſt en tout une choſe très-rare que d'en trouver.

Paſſons maintenant aux demi-métaux. Le premier qui ſe préſente eſt le mercure; on en trouve en Hydria, dans une couche de terre argilleuſe & graſſe, c'eſt ce qu'on nomme le *mercure vierge*. On en trouve auſſi dans des lits d'une eſpéce d'ardoiſe près de Creutzenach dans le Palatinat **.

* On a trouvé à Almaçaron près de Carthagêne en Eſpagne, des amas immenſes de litharge qui s'étoit recouverte de terre qu'on a voulu faire paſſer pour de la litharge foſſile; bien des gens croient que ce ſont des reſtes des travaux des Carthaginois, lorſqu'ils étoient maîtres de l'Eſpagne.

** Il s'en trouve auſſi en Languedoc &

Le bismuth natif ne se trouve point pur ni dans des couches, ni dans des filons. On ne trouve point non plus l'arsénic sous une forme blanche & crystalline dans les couches; mais il se trouve sous la forme d'orpiment dans des couches près de Neusohl en Hongrie & en Servie, dans un grais grisâtre. On ne trouve point non plus de cobalt, d'antimoine & d'arsénic sous une forme pure & réguliere dans les couches.

Nous allons maintenant examiner les métaux minéralisés, & voir sous quelle forme ils se présentent à nous dans les couches & dans les lits horisontaux de la terre. Nous ne parlerons point ici de l'or, puisque, comme nous l'avons déja dit, il ne se trouve jamais minéralisé ou sous la forme d'une mine. L'argent se trouve assez souvent dans des ardoises; mais ses mines ne sont point si riches que celles qui se trouvent dans

sur-tout à Montpellier, dans une terre argilleuse. On en rencontre aussi une très-grande quantité à Valence en Espagne, à l'endroit où cette ville est bâtie.

les montagnes à filons: c'eſt pourtant vainement qu'on chercheroit dans les lits d'ardoiſe la mine d'argent vitreuſe, la mine d'argent rouge, la mine d'argent merde d'oie, la mine d'argent cornée, & la mine d'argent blanche compacte; mais quelquefois on trouvera dans des ardoiſes ou pierres feuilletées de la mine d'argent griſe répandue en particules déliées. J'ai ſur-tout obſervé dans les endroits où la pierre change, que cette mine s'y trouve quelquefois de l'épaiſſeur d'un pouce, & partout où j'en ai trouvé, la matrice étoit du ſpath; d'où l'on voit que les lits compoſés d'argille ou de terre calcaire ne ſont point ſi propres à la formation de ces mines riches. On trouve auſſi des *gilben* ou terres jaunes dans des ardoiſes, mais elles ſont ferrugineuſes & contiennent très-peu d'argent. J'ai vû, mais très-rarement, de la mine d'argent blanche répandue dans des couches, mais jamais je n'en ai rencontré que lorſque la roche changeoit & devenoit du ſpath, & lorſqu'on trouvoit auſſi de la mine de plomb. On a trouvé autrefois de la mine d'argent rouge dans les ardoises de Gollwitz près de Rothenbourg, ce qui donnoit un caractere de prééminence pour ces ardoises. Mais rien n'est plus remarquable que les épics de bled qui se trouvent dans les ardoises de Frankenberg dans le pays de Hesse ; on les appelle *épics de bled*, & ils y ressemblent si parfaitement qu'on seroit tenté de croire que ce sont des épics de bled pétrifiés ou changés en mine d'argent, mais cela n'est point vrai ; cette mine d'argent n'est autre chose qu'une terre argilleuse & calcaire, mêlée d'une très-petite quantité de soufre, avec une portion un peu plus forte d'arsénic & d'argent, qui se trouve parmi les ardoises de cet endroit. Cette mine a quelque ressemblance avec un épic de bled, mais il faut de l'imagination pour trouver cette ressemblance bien parfaite ; les pointes ou barbes que l'on y apperçoit se sont formées vraisemblablement lorsque la matiere étoit encore fluide & molle,

On en peut voir la repréſentation dans la Planche IV. figure 3. *A* & *B*. Ces épics prétendus contiennent aſſez d'argent, & j'en poſſede un morceau ſur lequel il ſe trouve de l'argent natif. Wolfart dans ſon *Hiſtoria Naturalis Haſſiæ inferioris*, Part. I. page. 35, aſſure que cette mine donne 50 marcs d'argent au quintal; je n'ai pas pû vérifier ce fait, attendu que je n'en avois que deux morceaux. La mine d'argent qui vient d'être décrite eſt propre aux couches & ne ſe trouve point dans les montagnes à filons. Il y a encore d'autres eſpéces de mines d'argent qui ſe trouvent dans les couches; mais ce n'eſt pas ſous une forme ſolide & compacte: ce métal y a été porté, ſuivant les apparences, par le cuivre, & c'eſt vraiſemblablement l'arſénic qui en a fait de l'argent, puiſque l'expérience a fait voir que les ardoiſes ſont plus riches en argent, lorſqu'on trouve du cobalt dans leur voiſinage, comme cela arrive à Ilmenau, à Gollwitz, à Manebach, à Bottendorf, à Schweina, &c.

&c. Cela peut donner matiere aux réflexions, d'autant plus que la ſubſtance qui enrichit les mines d'argent rouges, blanches, &c. & les autres mines qui contiennent ce métal en abondance, ſe trouvent dans des montagnes à filons. L'expérience remarquable de M. Henckel qui en traitant la pyrite arſénicale avec de la craie, a obtenu de l'argent, vient à l'appui de cette conjonćture. En effet, qu'eſt-ce que la craie, ſinon de la terre calcaire; elle ne manque point dans les couches, comme nous l'avons déja fait voir en les décrivant. Mais en voilà aſſez ſur les mines d'argent dans les ardoiſes. Nous voyons auſſi que les charbons de terre ne ſont point entierement dépourvus d'argent, quoiqu'il ne s'y en trouve point en abondance. J'ai parlé dans mon *Traité des métaux & des matrices métalliques*, d'un morceau de charbon de terre avec de petits feuillets d'argent, qui ſe trouve dans la collećtion de M. Eller; j'ai auſſi parlé au même endroit des charbons de terre de Hartha, dont quelques-uns contiennent $5 \frac{1}{2}$ onces d'argent au quintal: je ne m'arrêterai point à faire mention d'autres exemples que l'on verroit peut-être, si on se donnoit la peine d'examiner avec plus de soin, les charbons de terre, & qui n'échapperoient point à la sagacité d'un Naturaliste attentif.

Passons maintenant au cuivre; c'est de tous les métaux celui qui se trouve le plus abondamment dans les couches; l'état dans lequel il s'y montre le plus ordinairement, est celui de la mine jaune de cuivre ou de la pyrite cuivreuse, qui passe dans les ardoises sous la forme de filets ou de couches, ou qui s'y trouve en particules si déliées, qu'à peine peut-on quelquefois la découvrir à l'aide du microscope. Souvent le cuivre se montre sous la forme d'un verd-de-gris qui est répandu dans le tissu feuilleté des ardoises, où il paroît en petits points bleuâtres. Quelquefois on rencontre dans les couches la mine connue sous le nom de *kupfernikkel*, qui n'est autre chose qu'une mine jaune de cuivre, pénétrée par une grande quantité d'arſénic. Dans les endroits des couches où un lit change & où l'on trouve du ſpath, on rencontre ſouvent une mine de cuivre blanche, qui reſſemble beaucoup au cobalt d'un gris clair; ce n'eſt autre choſe qu'une mine de cuivre chargée de beaucoup de ſoufre & d'arſénic. Mais on ne trouvera point facilement dans les couches, la mine de cuivre vitreuſe, la mine de cuivre griſe, & la mine de cuivre d'un verd changeant. On rencontre auſſi aſſez ſouvent ſur des ardoiſes un enduit d'une couleur verte qui y eſt attachée ſuperficiellement, il contient très-peu de métal, ce n'eſt qu'un ſpath ſéléniteux coloré par le cuivre. Il en eſt de même d'un enduit d'un bleu très-vif qui contient très-peu de cuivre, mais qui eſt fort chargé de parties ferrugineuſes. Les charbons de terre eux-mêmes ne ſont point dépourvus de cuivre; ceux de Hartha près de Chemnitz dont on a parlé ci devant, en contiennent de 30 à 36 livres au quintal. Je ne parlerai point ici de la mine de cuivre ſabloneuſe qui ſe rencontre ſouvent dans quelques amas de couches, & ſur-tout dans le lit qui ſert d'appui à l'ardoiſe; on y remarque un verd-de-gris dans lequel la mine jaune de cuivre ſe trouve répandue en petites particules très-fines. En voilà aſſez ſur le cuivre qui ſe trouve dans les couches.

L'étain eſt le métal qui ſe trouve le plus rarement répandu dans les couches; je n'en ſçais qu'un exemple: à Gieren en Siléſie, on en a rencontré dans une couche talqueuſe, graſſe au toucher, mais on en abandonna bientôt l'exploitation, parce qu'on ne vit point d'eſpérance d'avoir de quoi payer les frais.

Le plomb ſe trouve plus communément dans les couches; on en rencontre ſous la forme de mine de plomb cubique ou de galene, attaché aux ardoiſes; quelquefois auſſi, quoique très-rarement, on en trouve avec des charbons de terre. On en trouve auſſi dans la calamine qui eſt par couches, ſur-tout près de

Tarnowitz & de Beuthen, dans la mine appellée *Sczarlay*; c'est aussi dans le même endroit que se trouvent la mine de plomb blanche & la terre blanche si rare, qui contient une grande quantité de plomb. Quant à la mine de plomb rouge dont il est fait mention dans un grande nombre de catalogues de cabinets d'Histoire Naturelle, ce n'est, comme nous avons vû, qu'une litharge qui a été jettée avec les scories. Je ne connois point d'autres espéces de mine de plomb qui se trouvent par couche.

Examinons donc le fer. Ce métal qui est presque universellement répandu, a des mines qui se trouvent dans les couches sous un grand nombre de formes différentes. C'est ainsi que l'on rencontre des lits entiers de mines de fer, à Tarnowitz, à Beuthen, à Zehdenick, à Oppeln & dans une infinité d'autres endroits, au-dessous du gazon ou de la premiere couche de terre. Un phénomene très-digne de remarque, c'est que ces mines après avoir été tirées de la terre, ſe reproduiſent de nouveau. Le ſol rouge qui ſoutient les autres lits dont les montagnes à couches ſont compoſées, doit ſa couleur au fer: dans les lits mêmes on rencontre des morceaux détachés ou des marrons ou roignons de mine de fer, comme on a pû voir dans la deſcription des lits qui compoſent le terrein de Hohenſtein, dans la Section V. n°. 19. On en rencontre pareillement dans d'autres lits, dans du ſable rouge, dans des roches brunes, &c.

Pour ce qui eſt des demi-métaux minéraliſés, il y a d'abord le cinnabre pour les mines de mercure, il ſe trouve aſſez communément dans des couches; & à Hydria il forme lui-même un lit. Je ne ſçache point qu'on ait encore trouvé d'antimoine de cette maniere. Il eſt plus ordinaire de trouver du cobalt & du biſmuth, ſur-tout aux endroits où la couche change, & même c'eſt-là la poſition propre au cobalt; ſouvent il y eſt tout pur, tantôt il y eſt ſous la forme du *kupfernikkel*, ou de la mine d'arſénic d'un rouge de cuivre ; quelquefois il y eſt ſous la forme de fleur ou d'efflореſcence, comme cela arrive à Riegelſdorf, dans le Duché de Saalfeld. La calamine ſe trouve auſſi par lits à Commodau, à Tſcheeren, à Tarnowitz, à Beuthen, &c.

On voit par ce qui vient d'être dit, que les montagnes ou terreins compoſés de couches & ou de lits ſont propres à ſervir de matrices aux métaux. On demandera peut-être comment ces métaux ſont venus dans ces couches ? Je vais en peu de mots donner mes conjectures là-deſſus, & quoique je ne prétende point les faire paſſer pour des principes inconteſtables, je me flatte pourtant qu'elles mériteront d'être regardées comme fondées dans la Nature. J'ai dit que les montagnes ou terreins formés par un aſſemblage de couches vont toujours aboutir aux montagnes à filons ou primitives ; on ſçait que la Nature ne ceſſe d'agir dans les filons qui s'y trouvent ; tant qu'elle n'eſt point troublée dans ſes opérations par un concours trop violent de l'air extérieur & de l'eau, elle eſt toujours occupée à diſſoudre, à décompoſer, à recompoſer, & à produire des changemens. Les exhalaiſons minérales & les eaux ſouterreines qui ſe font un paſſage par les fentes de la terre, diſſolvent des corps, les charrient en d'autres endroits, les combinent avec d'autres corps; par-là, elles changent leur forme, leurs principes, leur eſſence, leur mixtion, &c. Lors donc que les plus hautes montagnes furent inondées par les eaux du déluge, les filons qu'elles contenoient furent dépouillés par la violence des eaux, de la terre calcaire qui les couvroit auparavant; ils reçurent une autre couverture en ſa place par les couches qui furent formées auprès de ces montagnes. Quand ces couches ou montagnes nouvellement formées ſe furent dépoſées, la Nature recommença à travailler ſuivant ſa coutume; les exhalaiſons minérales & métalliques agirent dans les lits qui venoient d'être formés, & comme l'argille ſur-tout ſe trouva la plus propre à recevoir les vapeurs minérales, les métaux qui ſurent apportés par ces vapeurs & par les eaux prirent corps dans cette matrice : voilà pourquoi nous voyons que les couches contiennent ordinairement l'eſpéce de métal qui ſe trouve le plus abondamment dans la montagne à filons la plus prochaine. Nous trouvons, par exemple, dans le Comté de Mansfeld, du cuivre & de l'argent, parce que le Hartz qui eſt tout auprès, eſt rempli de ces métaux. Voilà auſſi pourquoi nous voyons que les métaux qui ſe plaiſent dans une roche compacte & non briſée, ne vont point féconder les couches qui ſont dans le voiſinage; de cette eſpéce ſont les mines d'étain en maſſes; on ſçait que ce n'eſt qu'à l'aide du feu qu'on peut en détacher la mine; ni l'eau ni l'air n'y peuvent rien : c'eſt-là la raiſon pourquoi dans les mines d'étain d'Altenberg, on trouve du cuivre diſſout dans l'eau qui ſe précipite par le moyen du fer; mais jamais on n'y trouve de l'étain.

diſſout. Il a donc été impoſſible à la Nature de communiquer à l'aide de l'air ou de l'eau, ce métal aux couches du voiſinage. Nous voyons la même choſe dans le Hartz, au mont appellé Rammelſberg, qui eſt entierement environné d'ardoiſes non-métalliques. Comme les mines que cette montagne contient ſont renfermées dans une roche ſi dure qu'il faut avoir recours au feu pour les en détacher, les eaux & les vapeurs n'ont point pû communiquer aucune portion de métal aux couches qui ſont dans ſon voiſinage. Si on objectoit que ce principe eſt gratuit, & que la Nature peut faire ſortir de ſon intérieur de quoi féconder les couches d'ardoiſes; je demanderai pourquoi elle n'a point rempli de cuivre & d'argent tant de couches qui ſont au-deſſous de ces ardoiſes? Si cela étoit, les lits dont les couches ſont compoſées devroient être plus riches en métaux à proportion qu'ils ſeroient plus enfoncés en terre, cependant cela ne s'accorde point avec l'expérience. Si on m'objecte que les lits n'ont point été propres à devenir des matrices métalliques, puiſqu'ils ſont pour la plûpart compoſés de ſable; je demanderai d'où viennent les mines que l'on trouve dans le ſable dans de certaines couches? De plus, on obſerve qu'à meſure que les couches vont ſe perdre dans les plaines, elles ſont pauvres en métal, & enfin elles finiſſent par n'en contenir point du tout: cela ne peut naturellement venir que de ce qu'elles ſont alors trop éloignées de la montagne dans le ſein de laquelle ſont les filons, & que par conſéquent les vapeurs & les eaux n'ont pû parvenir juſques-là, ou que du moins avant que d'y arriver elles ont déja dépoſé la plus grande partie ou la totalité de la ſubſtance métallique dont elles étoient chargées. C'eſt ſur cela qu'eſt auſſi fondé le principe qu'il ne faut point s'attendre à trouver des métaux dans un pays plat, comme M. Eller l'a fait voir dans ſon Traité de la formation des métaux, inſéré dans le Tome IX. *des Mémoires de l'Académie Royale des Sciences de Berlin*; cependant pour trouver des métaux, il n'eſt pas toujours néceſſaire d'avoir des montagnes telles que les monts Carpatiens, les monts des Géants, le Fichtelberg, ou le mont Bructere; car les montagnes composées de couches sont auſſi des montagnes, quoiqu'elles n'aient point la hauteur de celles qui viennent d'être nommées. Mais en voilà aſſez ſur les métaux qui ſe trouvent dans les couches, & ſur la maniere dont ils y ont été formés.

SECTION VII.

Des autres Pierres qui ſe trouvent dans les couches de la terre & par lits.

APRE'S avoir conſidéré les terres, les ſels, les ſubſtances inflammables, les métaux & les mines qui ſe trouvent par couches, il faut examiner les ſubſtances de la cinquieme claſſe, c'eſt-à-dire, les pierres; nous les diviſerons :

1 En tranſparentes.

2 En demi-tranſparentes.

3 En opaques.

On ne peut point donner un détail circonſtancié des pierres tranſparentes; car nous n'avons point de relations qui nous apprennent quelque choſe de ſatisfaiſant ſur les pierres orientales, ni ſur les matrices dans leſquelles elles ſe forment; en effet, ce ſeroit en vain qu'on chercheroit des diamans, des rubis, des émeraudes, des saphires, &c. dans les couches de nos pays. Je sçais bien qu'on prétend avoir souvent trouvé dans des couches, des crystallisations quartzeuses transparentes; mais toutes celles que j'y ai rencontrées n'étoient point des crystallisations de quartz, mais c'étoit toujours des crystallisations séléniteuses de spath, qui, comme on a dit dans la Section V. doivent leur formation à une terre calcaire mise en dissolution par l'acide vitriolique, & qui s'est ensuite précipitée. C'est aussi de cette même substance séléniteuse que sont les prétendues topases de Groß-Oerner, dans le Comté de Mansfeld; ainsi il ne faut point compter sur des pierres précieuses transparentes dans les couches.

Passons aux pierres demi-transparentes. La turquoise, suivant M. de Réaumur, paroît à la vérité se trouver dans des couches; mais comme c'est une substance qui appartient au regne animal, elle n'est point de notre reſſort. La cryſopraſe * qui ſe trouve à Choſemitz en Siléſie, eſt une pierre précieuſe que j'y ai rencontrée dans des couches, & je ſuis convaincu qu'elle y a été formée; les obſervations que j'ai eu occaſion de faire ſur cette pierre, me prouvent cette vérité, comme je pourrai le faire voir par la ſuite: en attendant, il eſt certain que cette pierre n'a point été portée en fragmens dans les couches; mais elle eſt accompagnée de ſa liſiere ou *ſalbande*. On trouve auſſi dans le même canton, des cornalines rouges & jaunâtres, des opales peu nettes, des agates arboriſées qui ne paroiſſent point y avoir été formées, mais y avoir été portées par quelque accident. On ne peut pas non plus trop compter de trouver des pierres précieuſes demi-tranſparentes dans les couches; mais en récompenſe on y trouve abondam-

* L'Auteur a fait un Mémoire ſur cette pierre, qui eſt inſéré dans les Mémoires de l'Académie Royale des Sciences de Berlin année 1754. Elle eſt demi-tranſparente & d'un verd céladon.

ment des pierres opaques; nous n'en examinerons ici que deux espéces, dans lesquelles nous diviserons ces pierres, sans nous arrêter à en faire des distinctions chymiques, sçavoir:

1° En pierres ordinaires.

2° En pétrifications & empreintes.

Parmi les pierres ordinaires je compte la pierre à chaux, le grais, l'albâtre & la pierre à plâtre ou pierre gypseuse, ainsi que plusieurs espéces de pierres argilleuses. Il se trouve beaucoup de variétés dans les pierres à chaux; la plus commune est celle qui est par lits horisontaux & qui souvent forme des montagnes entieres: on doit mettre dans ce rang les marbres qui sont une espéce de pierre calcaire qui se trouve toujours par lits. Il en est de même du grais, qui comme le marbre, est toujours disposé par couches horisontales. Une preuve que le marbre doit sa formation à une grande inondation c'est la quantité de coquilles pétrifiées & empreintes, de coraux, madrépores, &c. qu'on y trouve. Je parle ici des pierres qui occupent toute une montagne ou une ſuite de couches, & non de celles qui ſont détachées & répandues par morceaux dans les différens lits. Pluſieurs carrieres d'albâtre & de ſpath gypſeux prouvent que ces pierres ſe trouvent auſſi par couches horiſontales. La ſerpentine eſt auſſi par couches; ſans parler ici des différens lits formés par un mêlange de terre calcaire, d'argille & de ſable dont nous avons déja fait mention en décrivant les différens lits de quelques montagnes. Le tuf (*tophus*), les incruſtations & les ſtalactites ſe trouvent auſſi aſſez communément dans les couches; cela n'eſt pas ſurprenant, puiſque ces pierres doivent leur formation à l'argille & à la terre calcaire. On remarquera ſur les prétendus épics de bled qui ſe trouvent dans les ardoiſes, que ce ne ſont point réellement des épics pétrifiés; mais c'eſt du ſpath ſéléniteux qui s'eſt formé dans les cavités de ces morceaux d'ardoiſe, ce qui fait que ces petites cryſtalliſations paroiſſent tantôt comme des épics, tantôt comme des boucles de cheveux, ainſi que M. Mylius prétend l'avoir remarqué dans ſon *Saxonia ſubterranea*. Parmi les pierres qui ſe trouvent dans les couches en morceaux détachés, les premieres qui ſe préſentent ſont l'agate, le *ſilex* ou caillou, & la calcédoine; mais je doute fort qu'on puiſſe imaginer que ces pierres y ont été formées : je croirois plutôt qu'elles ont été arrachées d'une maſſe par une grande inondation, & portées dans les couches, auxquelles elles ſe ſont jointes par différens accidens après avoir été répandues à la ſurface. Je ne puis m'empêcher de parler ici d'une eſpéce de ſpath ſéléniteux qui ſe trouve dans un endroit du Comté de Mansfeld, & qui m'a été donné par M. Lang, Paſteur à Laublingen. On le trouve par morceaux détachés arrondis ou roignons; ces morceaux ſont extérieurement & intérieurement d'une couleur iſabelle foncée; ils ne ſont compoſés que de rayons en forme de coins ou de pyramides dont les ſommets ſe réuniſſent au centre de la pierre; en la brisant elle se divise en pyramides semblables; si on la casse en travers, elle se partage toujours en feuillets rhomboïdaux qui, mis sur un poële & échauffés dans l'obscurité, deviennent phosphoriques.

Quant aux pétrifications & empreintes, les couches renferment un si grand nombre de coquilles, de substances animales, de parties de quadrupedes, de bois, de plantes & de fleurs, que quelque briévement qu'on voulût en parler, on ne pourroit point parcourir ces choses avec ordre; nous allons donc parmi les pétrifications; considérer :

1 Les parties des animaux terrestres.

2 Les coquillages.

3. Les plantes & les arbres.

Nous avons déja fait voir au commencement de ce Traité en différens endroits, de quelle maniere ces corps ont été portés dans la terre, & comment ils ont été pénétrés par une matiere lapidifique; ainsi il paroît inutile de répéter ici ce qui a été déja dit. Il se trouve beaucoup d'ossemens d'animaux pétrifiés dans les couches, & souvent ces ossemens appartenoient à des animaux qui ont dû avoir été apportés dans ces endroits, de parties du monde toutes différentes de celles où on les trouve, tels sont les restes des éléphans, des licornes ou Narwals, &c. On a trouvé même des ossemens humains, quoique plus rarement que les premiers, & on les a rencontrés dans des cavernes & des cavités souterreines plutôt que dans des couches. Quelques-unes de ces parties d'animaux sont parfaitement changées en pierre, d'autres se sont détruites & ont laissé leur empreinte dans la pierre. Nous voyons, comme on a déja dit, que ces parties, lorsqu'elles sont pétrifiées, sont toujours changées en une pierre de la même nature que celle dont elles sont environnées.

A l'égard des coquilles, il y en a un si grand nombre de pétrifiées que pour s'en former une idée, on seroit obligé ou d'en faire un traité particulier ou du moins de parcourir piéce par piéce tous les morceaux des collections les plus abondantes, où cependant on verroit qu'il manque toujours bien des choses. Il suffit donc de dire que les ossemens & les coquilles se trouvent d'ordinaire le plus abondamment dans les pierres calcaires; & dans les couches calcaires, les coquilles pétrifiées forment des lits immenses: il est rare de trouver un marbre qui ne leur soit point redevable de ses variétés & de ses couleurs.

Il en est de même des plantes qui ont été transportées dans le regne minéral; combien ne trouve-t-on point de différentes espéces de bois pétrifiés disposés par couches & placés horisontalement dans le sein de de la terre, où ils se sont changés soit en agate, soit en pierre calcaire, soit en mine de fer, &c. Je mets dans ce nombre la quantité immense de coraux, de madrépores & d'autres plantes marines, que nous rencontrons souvent dans le marbre. Que dira-t-on des charbons de bois bruns que l'on trouve quelquefois à une profondeur assez considérable en terre & par lits horisontaux. On y trouve aussi des arbres entiers, sans sçavoir comment ils ont été transportés dans ces endroits, à moins de recourir à cette révolution générale de notre globe dont nous avons parlé dans cet Ouvrage. Quelques-uns de ces arbres sont pétrifiés; d'autres sont imbus, pénétrés & comme embaumés par le bitume; d'autres sont minéralisés & chargés de pyrites & d'autres substances minérales. Il y auroit un grand nombre d'observations à faire sur toutes ces choses; mais je renvoie le Lecteur à *Luidii Lithophylacium Britannicum*; à Scheuchzer *Querelæ & vindiciæ piscium*; à Langius dans son *Historia lapidum figuguratorum*; à *Buttneri Rudera diluvii testes*; à Volckmann, *Silesia subterranea*; à Mylius *Saxonia subterranea*; & à beaucoup d'autres Ouvrages d'Histoire Naturelle, où il est parlé d'une infinité de différentes espéces de pétrifications. Il est donc parfaitement inutile de m'arrêter plus long-tems ſur cette matiere. On peut dire la même choſe des empreintes qui ſe trouvent ſur les pierres. Les Auteurs qui viennent d'être cités, & ſur-tout Scheuchzer dans ſon *herbarium diluvium*, en ont donné des deſcriptions ſi exactes que l'on ne peut preſque rien dire de nouveau ſur cette matiere. Au reſte, on ſçait que les empreintes des plantes ſe trouvent principalement ſur les ardoiſes; on voit des morceaux ſinguliers dans ce genre, à Wettin où ils ſe rencontrent parmi les charbons de terre. Une choſe digne d'attention, c'eſt qu'on ne trouve des empreintes de plantes & des fleurs que dans les lits d'ardoiſes qui accompagnent les mines de charbon de terre. Au contraire, les empreintes de poiſſons ne ſe trouvent ordinairement que dans les ardoiſes cuivreuſes. Il me ſemble que cela prouve encore le principe que j'ai établi, lorſque j'ai dit que les couches de charbons ſe ſont dépoſées les premieres; que les plantes arrachées des montagnes

& des plaines s'y ſont jointes, & qu'après s'être mêlées avec des lits d'argille, elles y ont laiſſé leurs empreintes, quoiqu'elles-mêmes ſe ſoient détruites & aient diſparu. Dans la pierre à chaux, telles que les ardoiſes calcaires de Papenheim, on trouve ſur-tout des empreintes de différentes eſpéces de mouſſes, auſſi bien que d'écreviſſes prétendues, que je ſerois plutôt tenté de prendre pour de grandes ſauterelles, qui pendant l'hiver ſe ſont fourrées dans une terre de cette eſpéce, lorſqu'elle étoit encore molle, où elles ont péri; elles n'ont point été, à proprement parler, pétrifiées, mais plutôt moulées dans la terre. Les poiſſons qui font un des principaux ornemens des cabinets des Curieux, ne ſe trouvent gueres que dans des ardoiſes. Il n'y a pas long-tems que j'ai trouvé de très-belles empreintes de fleurs dans les couches de charbons de terre d'Ihlefeld, & ſur-tout des fleurs de l'*aſteris præcox Pyrenaïcus, folio ſalicis, flore luteo*. L'empreinte en eſt ſi exacte, que

que l'on apperçoit diſtinctement dans le diſque intérieur l'empreinte des étamines & des ſommets. Je n'ai pas beſoin de m'arrêter à parler des jeux de la Nature, il s'en rencontre dans les pierres par couches; mais il me ſemble qu'ils ne ſont point de mon ſujet, puiſqu'ils ne ſont dûs qu'à des accidens arrivés à ces couches lorſqu'elles étoient encore molles. Je me flatte donc d'avoir fait voir dans ce Traité ce que c'eſt que les couches, la maniere dont elles ont été formées, ce qu'elles contiennent, & les choſes les plus remarquables qui les accompagnent.

SECTION VIII.

De l'utilité qu'on peut retirer de la connoiſſance des couches.

APRÈS avoir appris à connoître les couches comme nous avons fait juſqu'à préſent, il eſt à propos de faire voir de quelle utilité peut être cette connoiſſance ; elle peut être avantageuſe, 1° Aux Sciences en général. 2° Au progrès de la Minéralogie en particulier.

1° Les Sciences peuvent en retirer des avantages de différentes manieres ; en effet, je me flatte que ce que j'ai dit a jetté quelque jour ſur l'Hiſtoire Naturelle, ſur-tout par rapport à l'aſpect que le globe a pris par les grandes révolutions qu'il a éprouvées, & j'eſpere qu'on trouvera que les explications que j'ai données de la formation des couches, ſont conformes à la Nature. Si un Naturaliſte fait attention aux différens mélanges des terres dans les couches, à la grande quantité de corps étrangers, aux pétrifications, coquilles, plantes, &c. qui y sont répandus, il verra une ample carriere s'ouvrir devant lui, & il aura occasion de faire des observations intéressantes sur la maniere dont ces corps ont été changés en pierre, sur leurs différens dégrés de pétrification, & sur les espéces de terres qui ont servi à les pétrifier. Combien la connoissance des couches ne fournit-elle pas d'occasions d'observer la formation des métaux & des minéraux dans l'intérieur des montagnes? Combien de recherches curieuses un Géometre n'est il point à portée de faire, lorsqu'il comparera l'espace qui se trouve entre le pays plat où les couches vont se perdre, & les montagnes primitives auxquelles ces mêmes couches vont aboutir, sur-tout pour calculer l'action & la violence des eaux? Quelles sources inépuisables d'expériences n'aura point le Chymiste pour suivre la Nature dans la formation des sels, des eaux thermales & acidules, &c. ? On voit par-là que la connoiſſance des couches peut contribuer d'une infinité de manieres à l'avancement des ſciences, & ſur-tout de la Phyſique : il n'eſt point poſſible de l'acquérir ſans ſortir de chez ſoi ou par le ſecours des Livres ; il faut pour cela examiner les lieux par ſoi-même, & tâcher de ſurprendre le ſecret de la Nature.

L'utilité de cette connoiſſance n'eſt pas moins grande par rapport aux travaux des mines. Tout le monde ſçait que les entrepriſes de cette nature ſont fort périlleuſes, & il faut avouer que ſans principes on ne peut y marcher qu'à tâtons. Mais il me ſemble qu'en obſervant avec ſoin les montagnes dans leſquelles ſe trouvent les filons, & celles qui ſont compoſées de couches, on pourra ſe mettre en état de parler d'une façon plus ſûre ſur cette matiere. Nous ne ſortirons point de l'examen des couches. Après avoir vû qu'elles ont été formées par une grande inondation, qui a arraché des hautes montagnes des environs, différentes espéces de terres & de roches, qui se sont ensuite déposées dans les vallons & les plaines des environs; nous comprenons qu'on ne peut jamais se flatter de pouvoir établir une mine avec profit sur des couches, à moins de la placer dans des endroits proches du pied des montagnes primitives. De plus, nous voyons que pour juger des métaux & des minéraux que nous pouvons espérer d'y trouver, il faut connoître ceux que produisent les montagnes primitives qui renferment des filons. Ce principe me paroît surtout utile à ceux qui parcourent un pays pour la premiere fois, & qui veulent s'en former une idée. Nous voyons encore qu'aussi-tôt que nous avons découvert dans un terrein composé de couches, soit un lit d'ardoise, soit un lit de charbon de terre, l'un doit nous indiquer que l'autre doit certainement se trouver dans le voisinage, & que nous pourrons rencontrer des fontaines salantes à la partie supérieure d'un semblable terrein, ou bien à l'endroit où il se termine. Je crois encore devoir faire souvenir qu'il ne faut point examiner un canton particulier, mais la position totale & la suite entiere d'un terrein composé de couches. Cela nous mettra en état de juger si, d'après des conjectures fondées, on pourra continuer long-tems l'exploitation dune mine qui aura été ouverte; je parle ici lorsque tout est dans l'ordre accoutumé; car personne n'est assez habile pour prévoir les bisarreries & les irrégularités de la Nature. La connoissance des couches & de leur épaisseur nous apprend à juger à combien de distance on est encore des ardoises & des charbons de terre. Ceux qui auront lû ce Traité trouveront qu'on peut encore retirer un plus grand nombre d'avantages de cette connoissance, & il seroit superflu de répéter ici tout ce qui a déja été dit dans le cours de cét Ouvrage.

RÉCAPITULATION

de tout l'Ouvrage.

APRÈS avoir rapporté les principaux phénoménes qui regardent la formation des couches, leur ſtructure intérieure, & les métaux & minéraux qui y ſont contenus, je vais donner un extrait de tout ce qui a été dit.

J'ai dit que notre globe, avant que la ſéparation de ſes parties fût faite, étoit une terre diſſoute & détrempée qui nâgeoit dans une maſſe immenſe d'eau. Au moment de la création cette terre ſe dépoſa, & l'eau ſe retira en partie dans la mer & dans les lacs, & en partie dans l'abyſme qui eſt au centre de la terre. La terre ſe ſécha & fut compoſée des plaines & des montagnes que nous voyons encore actuellement, & qui, par leur élévation, leur ſtructure & par d'autres circonſtances, different de celles qui ſont formées par un amas de couches. La terre éprouva en différens tems différentes révolutions qui ne s'étendirent point ſur ſa totalité ; mais enfin, tout ce vaſte corps fut entierement ſubmergé par une cauſe ſur laquelle on ne peut donner que de ſimples conjectures : il ſuffit de ſçavoir que cette inondation fut univerſelle, qu'elle couvrit les ſommets des plus hautes montagnes & qu'elle y laiſſa, de différentes manieres, des traces de ſa préſence. Cette grande quantité d'eau délaya beaucoup de terres argilleuſes & calcaires, qui furent longtems ſuſpendues dans les eaux avant que de ſe dépoſer, & qui formerent par-là de nouveaux lits dans les plaines. Lorſque l'eau quitta les ſommets des montagnes élevées, elle entraîna avec ces terres, des animaux, des coquilles, des poiſſons, qui, à meſure que les eaux ſe retiroient, ſe dépoſerent au-deſſous des premiers lits qui s'étoient formés. Enfin, les eaux diſparurent entierement, & la terre avoit acquis, ſur-tout vers la baſe des hautes montagnes, une quantité conſidérable de bancs ou de lits, qu'on n'y voyoit point auparavant ; c'eſt ce que nous nommons *couches*. Les corps étrangers, les coquilles, les animaux & les plantes qu'on y rencontre prouvent qu'elles ont été formées par une inondation. Par la ſuite des tems des cantons particuliers de la terre éprouverent encore beaucoup de changemens par des inondations, des écroulemens, des tremblemens de terre, des volcans, &c. mais jamais la révolution ne fut ſi univerſelle ni ſi conſidérable que celle que la terre avoit éprouvée de la part du déluge. Ainſi les couches formées par le déluge ſe remplirent de métaux & de minéraux, à l'aide des eaux & des exhalaiſons qui partirent du ſein des montagnes primitives où ſe trouvoient les magaſins de ces ſubſtances; & ces couches s'en chargerent à proportion qu'elles ſe trouverent propres à devenir des matrices métalliques. Elles continrent donc les métaux dont les montagnes auxquelles elles touchoient, étoient abondamment pourvues. J'ai donné dans chaque endroit des preuves de ce que j'avois avancé, je crois donc pouvoir terminer ici cet ouvrage où je n'ai voulu que communiquer mes idées au public. De nouvelles observations & des réflexions sérieuses pourront encore jetter plus de jour sur une matiere qui jusqu'à présent n'a été que très-peu examinée.

CONSIDÉRATIONS PHYSIQUES *SUR LES CAUSES* DES TREMBLEMENS DE TERRE, ET DE LEUR PROPAGATION;

Ouvrage fondé sur la structure intérieure de la Terre.

AVEC DES FIGURES.

PAR M. J. G. LEHMANN.

Traduit de l'Allemand.

CONSIDERATIONS PHYSIQUES *SUR LES CAUSES* DES TREMBLEMENS DE TERRE.

INTRODUCTION.

L s'eſt déja paſſé plus d'un an depuis l'affreux tremblement de terre qui a porté l'allarme dans une grande partie de l'Europe *; cet évenement a réveillé l'attention des Naturaliſtes, & a rempli les Nouvelles publiques

* Cet Ouvrage parut à Berlin, en 1757.

de relations effrayantes. Le premier de Novembre de l'année 1755, sembla menacer le Portugal d'une ruine totale ; Lisbonne fut plongée dans l'état le plus déplorable, & jusqu'à présent les suites de cet évenement funeste n'ont point encore cessé de se faire sentir. Des révolutions aussi terribles, méritent qu'on les examine avec attention, & qu'on en recherche les causes d'après les principes de la saine Physique. Plusieurs Sçavans ont déja publié d'excellens Ouvrages sur cette matiere, cela ne m'empêchera point de faire part de mes idées au Public. Pour procéder avec ordre, je considérerai, 1° Les causes des tremblemens de terre mêmes : 2° Les routes que suivent les tremblemens de terre, & les causes de leur propagation & de leur durée. Ces deux points sont les circonstances principales à observer dans ces phénomenes ; toutes les autres en dépendent & partent des mêmes causes.

PREMIERE PARTIE.

Des Causes des Tremblemens de Terre.

LES tremblemens de terre sont des secousses d'une partie de notre globe ; qui sont excitées dans son intérieur & qui s'étendent vers sa surface. Par notre globe on entend ce corps que nous habitons, qui est composé de terre ferme ou de continent & d'eau : l'une & l'autre de ces parties est propre à être violemment agitée : ces sortes d'évenemens ne sont point rares, & les plus anciens Historiens nous en rapportent un si grand nombre d'exemples qu'on seroit tenté de croire que les tremblemens de terre étoient autrefois beaucoup plus fréquens qu'à présent. Pline en décrit une infinité dans le second Livre de son Histoire Naturelle, aux Chapitres 79, 80, 81, 82 & 84. Agricola *de ortu*

& causis subterraneorum, *Lib. II. cap.* 20. Boccone, Moro, &c. ont détaillé les principaux phénomenes qui les accompagnent, & je suis convaincu que si nos ancêtres eussent été plus attentifs à nous transmettre les révolutions de la Nature, nous aurions encore là-dessus un plus grand nombre d'observations importantes.

Ces agitations du globe s'excitent dans son intérieur, mais on ne peut point pour cela conclure qu'elles partent du centre de la terre, parce que nous ferons voir par la suite, que les causes des tremblemens de terre résident quelquefois à une profondeur très-peu considérable, & se trouvent presque au-dessous de la terre végétale. En effet, comment pourroit-on assurer que la cause premiere des tremblemens fût dans le centre de la terre, dont nous n'avons aucune idée, & qu'il y a apparence que jamais nous ne parviendrons à connoître. Il y a des Physiciens qui placent un aiman dans ce centre; d'autres prétendent qu'il eſt creux & rempli d'eau; d'autres le repréſentent comme plein de feu; d'autres enfin, le croient rempli de ſable & d'eau.

Ces agitations s'étendent vers la ſurface de la terre, c'eſt une vérité que confirme l'expérience : cependant il ne faut point entendre par-là que toutes les ſecouſſes qui s'excitent ſous terre cauſent un changement & une révolution ſenſible à la ſurface de notre globe; en effet, on ſçait que les tremblemens de terre différent entre-eux pour la violence; & l'expérience nous apprend que ſouvent nous ne nous appercevons nullement des ébranlemens qui ſe font ſentir dans l'intérieur de la terre : nous en dirons les raiſons par la ſuite.

Les circonſtances qui accompagnent ordinairement les tremblemens de terre, ſont un bruit ſouterrein, un gonflement & un affaiſſement du terrein & des eaux, une éruption tantôt de vent, tantôt de feu & tantôt d'eau. Ces phénomenes nous font connoître les principales cauſes des tremblemens, ſans avoir beſoin de recourir à la ſtructure du centre de la terre, & ſans s'épuiſer en recherches ſur ſa nature. Ces cauſes ſont donc 1° Les feux ſouterreins: 2° L'air renfermé dans le ſein de la terre: 3° Les eaux ſouterreines.

I. A l'égard des feux ſouterreins, ils ſont une des cauſes les plus ordinaires des tremblemens de terre, & ils peuvent être excités par pluſieurs cauſes. Il y en a qui ſont produits par une fermentation interne, dans laquelle les corps renfermés dans la terre ſont forcés d'entrer; d'autres ſont produits par l'embraſement que communique le feu ordinaire. Nous n'avons point à parler ici de ceux qui ſont excités de cette maniere; mais l'un & l'autre de ces feux ſuppoſent une matiere qui leur ſert d'aliment. A l'égard des embraſemens de la premiere eſpéce, il n'eſt pas douteux que la terre ne contienne une quantité ſuffiſante de ſubſtances minérales propres à s'échauffer, à entrer en fermentation, & même à s'enflammer. Parmi ces ſubſtances, les principales ſont les pyrites ſulfureuſes & vitrioliques; on peut les définir des minéraux, composés de fer & de ſoufre, dont la couleur eſt jaune, & dont la forme varie. Je ne m'arrêterai point à examiner ce minéral; le célebre M. Henckel ne nous a rien laiſſé à déſirer là-deſſus dans ſa *Pyritologie*; je dirai ſeulement que ce minéral eſt très-diſpoſé à entrer en fermentation & à s'échauffer intérieurement; il ſe trouve par-tout, dans toutes les eſpéces de roches, de mines, d'ardoiſes, de charbons de terre, dans le quartz, dans la roche cornée, dans les pierres calcaires & gypſeuſes, &c. il a la propriété de ſe décompoſer par le contact de l'air & de l'eau, avec la ſeule différence que quelques-unes de ces eſpéces, ſe décompoſent plus ou moins promptement que les autres. C'eſt ainſi que nous voyons que les pyrites globuleuſes ſe décompoſent & perdent leur liaiſon beaucoup plus aiſément que celles que l'on nomme *marcaſſites*, qui ſont communément d'une forme cubique ou anguleuſe. Il eſt même très-remarquable que la décompoſition des pyrites globuleuſes commence toujours à leur centre & s'étend vers leur circonférence. Il paroît que le *coco* dont parle Alonſo Barba eſt une pyrite de cette eſpéce, il le décrit comme une pyrite ronde de la groſſeur de la tête, creuſe à l'intérieur, & qui, dans ſa cavité, renferme des améthyſtes; ce *coco* creve avec fracas dans de certains tems, & par-là il cauſe un ébranlement qui ſe fait ſentir pendant quelques tems dans le terrein qui eſt au-deſſus. Les pyrites d'une figure irréguliére & indéterminée, commencent pour la plûpart à ſe décompoſer, ou à effleurir en ſe couvrant d'un enduit à l'extérieur, par-là elles perdent leur éclat, elles ſe couvrent de petits cryſtaux vitrioliques, & enfin, elles perdent leur liaiſon.

On voit que cette décompoſition vient du contact de l'air, & elle eſt dûe à l'humidité dont il eſt chargé, ou aux eaux qui peuvent venir humecter ces pyrites; en effet, on peut les garantir de ces effets en les tenant dans des vaiſſeaux de verre bien bouchés & placés dans des endroits ſecs. La cauſe de cet échauffement eſt dans la compoſition des pyrites elles-mêmes, vû qu'elles contiennent du fer & de l'acide vitriolique : ces deux ſubſtances, lorſqu'elles ſont jointes & aidées par l'eau, prennent toujours un mouvement de chaleur, qui par le concours de quelques autres circonſtances, eſt ſouvent accompagné de vapeurs & de flamme. C'eſt ce que prouve l'expérience de M. l'Emery ; elle conſiſte à mêler enſemble du ſoufre & du fer, & à humecter ce mêlange avec de l'eau; cette vérité eſt encore confirmée par l'expérience qui ſe fait en mêlant de la limaille de fer, de l'huile de vitriol & de l'eau, dans un matras ample & dont le col ſoit fort long; en ſecouant ce vaiſſeau & tenant ſon ouverture bouchée, lorſqu'on viendra à l'ouvrir en l'approchant de la flamme d'une bougie, les vapeurs qui en partiront s'allumeront avec bruit. Ces deux expériences nous montrent en petit, deux des plus importans phénomenes qui accompagnent les tremblemens de terre. Le mêlange de la limaille pure de fer avec les acides tirés des végétaux, tels que le jus de citron, le vinaigre concentré, &c. produit les mêmes effets, comme M. Marggraf l'a obſervé. Mais qu'eſt-il beſoin d'aller ſi loin? toutes les eaux thermales, & les eaux minérales acidules ne prouvent-elles point ſuffiſamment les échauffemens, les fermentations & les diſſolutions qui ſe produiſent ſous terre? Lorſque nous parlons de fermentation on doit naturellement concevoir que les parties du corps qui eſt en fermentation, doivent être en action & en réaction, qu'elles doivent être dilatées & miſes dans une expanſion qui parte de leur centre & qui ſoit également forte en tout ſens; que ſi elle trouve une réſiſtance plus forte qu'elle, elle cherche tous les moyens de ſe dégager & de ſe mettre en liberté. Nous en avons la preuve dans le vin & la biere qui ſermentent, & ce n'eſt que l'élaſticité de l'air qui produit ces effets. Mais ce ſeroit aller trop loin pour expliquer ces phénomenes, que de recourir à la matiere éthérée, & d'imaginer avec Boccone dans ſon *Muſeo di Fiſica e di Eſperienze*, « Que » cette matiere eſt une émanation » ou évaporation des parties les » plus volatiles & les plus ſubtiles, » qui ſe dégage de tous les corps, » & qui, pour ainſi dire, ſe ſublime, & qu'elle ſert à faire prendre » de la liaiſon à tous les corps, à » leur donner le mouvement, & à » les diſſoudre : » & par la même raiſon, de lui attribuer les tremblemens de terre. En effet, la matiere éthérée, ſi elle n'eſt point comprimée ou miſe dans une violente expanſion, n'eſt point en état de produire des effets ſi conſidérables ; cela n'arrive que par le mouvement interne de chaleur que prennent les corps ; qui met en expanſion l'air qui les environne. Les pyrites qui ſe décompoſent, ne peuvent point produire une flamme par-elles mêmes, à moins qu'elles ne rencontrent des ſubſtances diſpoſées à prendre feu; nous allons donc actuellement parler de ces ſubſtances.

II. Toutes ces ſubſtances minérales inflammables ſont donc l'aliment des feux ſouterreins, tels ſont en premier lieu les *charbons de pierre*; j'entens par-là des ſubſtances minérales, qui ſont ordinairement diſpoſées par couches dans le ſein de la terre; elles ſont compoſées d'une grande quantité de matiere combuſtible mêlée avec de la terre: leur couleur eſt noire & leur tiſſu eſt tantôt compact, tantôt feuilleté. Suivant cette définition, cette matiere eſt très-propre à prendre feu, même dans le ſein de la terre, à s'enflammer ſoit promptement, ſoit lentement, à s'étendre, à allumer & à échauffer d'autres ſubſtances. C'eſt une choſe ſi connue que les charbons de pierre s'allument & continuent à brûler ſous terre, que je n'ai pas beſoin d'en citer beaucoup d'exemples; nous en avons des preuves dans les mines de charbons de

Wettin

Wettin, & de Zwickau, dans celles d'Angleterre, &c. & l'on trouvera toujours que ces embrasemens spontanés sont venus des pyrites qui étoient mêlées avec les charbons ; on voit une preuve de cette vérité dans les charbons de pierre entassés, qui s'enflamment très-aisément en été, lorsqu'à des pluies il succede un beau soleil, ce qui cause souvent une grande perte pour ceux qui sont intéressés dans l'exploitation de ces mines. Ces charbons s'allument de la même façon sous terre, soit parce que les eaux y pénétrent en passant par les fentes dont l'ouverture va jusqu'à la surface de la terre, soit par les eaux souterreines qui s'élevent & montent. Ces eaux excitent un mouvement de chaleur dans les pyrites qui sont mêlées avec le charbon de pierre, qui par-là prennent feu ; & comme il ne peut y avoir de feu sans le concours de l'air, nous voyons par la structure de la terre, qu'elle ne manque point de fentes qui fournissent un passage à l'air extérieur. De plus, l'expérience nous apprend que plus les charbons de pierre ſont purs & compacts, moins ils ſont diſpoſés à s'allumer; c'eſt ce qu'on peut voir dans les charbons de pierre d'Angleterre que l'on nomme *cannel coal*, qui ſont ſi purs & ſi denſes qu'on peut en faire différens ouvrages; ils ne contiennent point de pyrites, & par conſéquent ils ne ſont point ſi expoſés à s'embraſer, à moins qu'ils ne prennent feu par quelque autre accident. On peut m'objecter ici que j'ai dit que les pyrites ſe trouvoient par-tout, & dans les couches, auſſi-bien que dans les filons; je perſiſte à le dire, & même elles ſe trouvent plus abondamment dans les filons que dans les couches. Cela étant, on demandera pourquoi on ne remarque point de ces embraſemens dans les filons? A cela je réponds 1° que ces pyrites qui ſont dans des filons, ſont plus profondément enfouies en terre que celles qui ſont dans les couches, enſorte que les eaux & les impreſſions de l'air extérieur ont plus de peine à les aller trouver & à les décomposer, deux choses qui sont absolument nécessaires pour qu'il s'excite de la chaleur en elles. * Si on répliquoit à cela que les filons ne manquent point d'eaux souterreines, j'en conviendrai ; mais j'ajouterai que sans le contact de l'air, l'eau seule n'est point en état de dissoudre ou de décomposer les pyrites, à moins qu'elles ne soient dans un commencement de décomposition, auquel cas leur tissu est déja dilaté & rempli d'air. On n'a qu'à prendre un morceau de pyrite bien compact & fraîchement détaché ; on n'a qu'à le mettre dans un vaisseau de verre, & verser par dessus de l'eau qui le couvre de quatre doigts ; si on place le tout sous le récipient d'une machine pneumatique dont on pompe l'air, on verra combien de

* Une raison plus forte, est que les montagnes qui contiennent des filons ne contiennent point de charbons de terre ni de substances bitumineuses & combustibles, qui servent d'aliment aux embrasemens souterreins, & que ces substances ne se trouvent jamais que dans les montagnes composées de couches.

tems cette pyrite restera sans se décomposer. 2° Les montagnes dans lesquelles se trouvent les filons sont composées de roches beaucoup plus compactes & plus denses que celles des couches; & dans mon *Essai sur les couches de la terre*, j'ai fait voir que ces dernieres sont couvertes de bancs & de lits qui ne sont qu'un amas de débris de pierres calcaires, de pierres tophacées ou tufs, & d'autres pierres peu compactes qui permettent à l'air de passer librement. 3°. J'ai prouvé dans le même Ouvrage que les couches sont ordinairement horisontales, au lieu que les filons coupent la terre ou diagonalement ou perpendiculairement. J'ai aussi fait voir que ces couches ne continuent point toujours à suivre une même ligne, & que souvent des obstacles qui se présentent sont cause que tantôt elles remontent & tantôt elles s'enfoncent dans la terre.

Nous allons partir de ces principes, & la Fig. 1. de la Planche V, servira à nous rendre la chose plus sensible. Soit *A* une montagne à fi-

Planche V.
Fig. 1.
pag. 436
et 437.
B
B
D
A
C
C
Fig. 2.
pag. 449.
et 450.
A
A
A
C
C
C
D
D
D
B
B.R

lons ; contre laquelle la montagne *B* composée de couches vient s'appuyer. Les nombres 1, 2, 3, 4, 5, & 6 sont des lits ou bancs qui marchent parallelement les uns aux autres. *C* est un changement causé par quelque obstacle qui fait que la suite des couches, au lieu de marcher horisontalement, s'enfonce de quelques toises. Derriere cet obstacle, la couche avec les différens lits qui la composent fait un saut, & ces lits remontent ainsi que le terrein qui est au-dessus, de maniere cependant qu'ils conservent leur parallélisme. On voit encore un changement en *D*, & les lits y retombent plus bas qu'ils n'étoient en 1, 2, 3, 4, 5, 6. Lorsque les eaux & l'air viennent à donner sur les lits 1, 2, 3, 4, 5, 6, ils dissolvent peu-à-peu les pyrites contenues dans les couches de charbon de pierre, les eaux vitrioliques, qui résultent de cette dissolution, détrempent la roche calcaire qui produit communément ces variations; elles pénétrent les lits qui sont au-dessous, & vont enfin se perdre dans les suivans. Par-là le tissu feuilleté des charbons se remplit d'humidité, l'air s'est ouvert un passage libre par les interstices qu'a formés le changement de la roche, & conséquemment il peut disposer les pyrites qui se trouvent dans les lits, à se décomposer, à s'échauffer & à embraser les charbons. Nous voyons donc comment il arrive tout naturellement que les charbons de pierre prennent feu sous terre. Une expérience rendra la chose encore plus sensible. Qu'on prenne deux parties de la pyrite qui donne du vitriol bien pulvérisé, de charbon de pierre réduit en poudre une partie, on n'aura qu'à mêler exactement ces matieres, on les humectera, on en formera une masse ou un tas, comme on fait pour les mines réduites en *schlich*, c'est-à-dire, pulvérisées & lavées; au bout d'un certain tems on verra que ce tas s'échauffera, s'allumera ensuite, & que le charbon de pierre sera entierement consumé. Si ces pyrites ne trouvent point de matiere qui puisse servir à alimenter le feu, elles se décomposeront à la vérité ; mais elles ne s'enflammeront point, & par le concours des eaux qui viendront passer par-dessus, elles feront des eaux cémentatoires, telles que celles d'Altenberg en Saxe, du Rammelsberg, près de Goslar au Hartz, &c. & d'autres endroits où l'on met des pyrites à se décomposer dans des réservoirs ou auges, & les eaux qui en sortent déposent le cuivre dont elles sont chargées sur le fer qu'on y fait tremper. Un Naturaliste habile peut faire une infinité d'expériences de ce genre.

En second lieu, *les charbons de terre*, peuvent servir d'aliment aux feux souterreins. Ce sont des substances minérales composées par le mêlange de différentes espéces de terres, de sables, de mica, &c. & qui ont pris de la liaison par le bitume terrestre dont elles ont été pénétrées. On les trouve souvent auprès des vrais charbons de pierre, mais ils ne sont point de la même bonté pour les usages méchaniques ; ces charbons de terre sont aussi très-disposés à s'enflammer à cause du bitume qu'ils contiennent, lorsque les pyrites décomposées de la maniere qui a été dite, viennent à les toucher: ils sont même quelquefois eux-mêmes entre-mêlés de pyrites qui s'échauffent & s'allument, sans cependant causer des embrasemens aussi violens que les charbons de pierre; tels sont ceux de Beuchlitz près de Halle.

En troisieme lieu, les *bois fossiles bitumineux* peuvent encore servir d'aliment aux feux souterreins; ce sont les différentes espéces de bois que l'on rencontre souvent à différentes profondeurs en terre, & qui sont pénétrés de bitume. Il arrive aussi à ces bois mêmes d'être entre-mêlés de pyrites, par-là sujets à se décomposer, à s'échauffer & à s'allumer. Quand on ne la remarqueroit pas toujours sensiblement, on s'apperçoit assez de la présence de la pyrite dans ces sortes de bois par l'efflorescence vitriolique qui s'attache à leur surface même dans les cabinets d'Histoire Naturelle, & par la cendre rouge ou brune qui reste après qu'ils ont été brulés & qui indique le fer précédemment contenu dans la pyrite.

Quatriemement, le *naphte*, le *pétrôle*, la *poix minérale*, &c. sont des substances que l'on sçait être très-susceptibles de s'enflammer, & qui par conséquent sont très-propres à servir d'aliment aux embrasemens souterreins.

Cinquiemement, les *terres d'ombre*, les *terres alumineuses*, les *terres sulfureuses*, &c. sont disposées à prendre feu plus ou moins, en raison de la quantité de matiere inflammable qui s'y trouve : c'est ce que prouve le feu que prennent les mines d'alun lorsqu'elles sont entassées, la distillation de la terre d'ombre, & la sublimation du soufre qui se fait avec les terres qui en contiennent.

Ces substances minérales, qui sont si inflammables par elles-mêmes, ne sont point les seules qui soient capables d'exciter & d'entretenir les feux souterreins; il y a encore outre cela des substances qui sans être susceptibles de prendre feu & de s'enflammer, ne laissent pas de contribuer à entretenir & à communiquer les embrasemens ; je mets dans ce nombre :

Sixiemement, la *pierre à chaux* ; on sçait combien elle est commune dans toutes les parties de notre globe. Dans mon Traité sur les couches de la terre, & sur-tout dans la Section cinquieme, je me flatte d'avoir prouvé assez clairement & démontré par des faits que cette pierre se trouve par-tout & sur-tout dans les montagnes composées de couches. Qu'y a-t-il donc de plus naturel que d'imaginer qu'aussi-tôt que les matieres qui sont au-dessus & au-dessous de cette pierre s'embrasent, cette pierre s'échauffe, rougit, & contribue à étendre l'embrasement. Je crois que cette vérité ne demande point d'autre démonstration.

Septiemement, on sçait aussi à quel point les *ardoises* peuvent s'échauffer. Le toît ou la pierre qui couvre les charbons fossiles est ordinairement de l'ardoise ; il n'est donc point étonnant que ces pierres contribuent à entretenir & à étendre les progrès des embrasemens souterreins, quoiqu'elles ne contiennent elles-mêmes souvent qu'une très-petite portion ou même point du tout de matiere inflammable. Mais en voilà assez sur le feu souterrein, & sur les substances qui lui servent d'aliment.

Il me reste actuellement à prouver comment ces feux souterreins sont capables de produire les tremblemens de terre. Tous les Physiciens connoissent la force du feu lorsqu'il est renfermé ; cela posé, je pourrai faire voir comment un feu caché sous terre, quand il est venu au point de ne pouvoir plus se dilater, peut produire des effets terribles ; d'abord il attendrit toutes les roches qui l'environnent en tout sens, effet qui est dû non-seulement à la chaleur, mais encore à l'acide vitriolique que le feu dégage des pyrites vitrioliques. En second lieu, à ce premier effet se joint une violente expansion de l'air ; alors ce corps élastique cherche une issue & un espace plus grand pour pouvoir s'y étendre ;

il trouve que l'action du feu a déja préparé la roche environnante, & conséquemment il a moins de peine à la briser; par-là le feu reçoit le contact de l'air, & il se fait une éruption de flammes; les vapeurs qui avoient été jusqu'alors renfermées jointes avec les cendres, les pierres les plus légeres, &c. sont poussées avec violence par l'ouverture qui s'est faite, ce qui arrive de la même maniere qu'une balle est poussée par une carabine, ou par l'air qui a été comprimé dans une canne à vent; ce même exemple est propre à nous faire connoître pourquoi le bruit qui accompagne les tremblemens de terre est plus ou moins fort; si les roches qui couvrent le feu souterrein sont en grand nombre & très-compactes, de maniere qu'elles lui présentent une plus grande résistance, l'explosion sera plus forte que lorsque la résistance sera foible; c'est ainsi que la même quantité de poudre donne un coup plus fort lorsqu'elle est retenue par un bouchon de papier enfoncé à force, & lorſqu'on a fait entrer la balle avec peine dans le canon du fuſil; au lieu que le bruit eſt moins grand quand le papier & la balle n'ont été preſſés que foiblement. Par la longue durée de l'embraſement, la croûte intérieure du terrein eſt devenue plus mince, par-là elle éprouve les ſecouſſes de l'air & du feu qui s'échappent, elle ne peut point réſiſter à leur effort, elle eſt ébranlée & s'écroule dans les endroits où elle eſt plus foible, ſur-tout quand elle eſt chargée à la ſurface par de grands édifices; voilà pourquoi en Amérique, où les tremblemens de terre ſont très-fréquens, on bâtit des maiſons à la légere, précaution que l'on a, dit-on, deſſein de prendre en rebâtiſſant la ville de Liſbonne. Ces ſecouſſes du tremblement de terre reviennent à chaque fois qu'il y a une nouvelle preſſion du feu ſouterrein & de l'air, ce qui eſt d'autant plus poſſible que la roche en s'écroulant rebouche les ouvertures par où l'air & le feu pouvoient s'échapper pour s'étendre; par conſéquent ces deux corps élaſtiques ſont forcés de s'ouvrir de nouveaux paſſages. On obſerve ſouvent dans les volcans que des ouvertures qui avoient long-tems jetté de la fumée & des flammes ſe bouchent, & il ſe fait de nouvelles ouvertures en d'autres endroits. J'ai rapporté la même choſe d'après Boccone dans mon Eſſai ſur les Couches de la Terre, en parlant de ce que les Italiens nomment *macalubi*. Ces vapeurs s'augmentent encore par le concours de l'eau, & ſur-tout par l'eau de la mer dont la partie aqueuſe eſt réduite en vapeurs ou en air, & dont la partie ſaline qui reſte, contribue encore à rendre le feu plus violent: c'eſt une vérité connue depuis long-tems des cuiſiniers qui jettent du ſel marin ſur les charbons, afin de rendre la braiſe plus ardente: ce ſel produit le même effet dans le cas dont il s'agit ici. * Pour juger des effets du

* L'Auteur ne paroît point avoir ſuffiſamment inſiſté ſur une des circonſtances les plus propres à cauſer des effets & des expanſions terribles; c'eſt que l'eau ſeule venant

feu ſouterrein, il n'y a qu'à comparer ſon action avec ce qui ſe paſſe en petit dans les ſouterreins des mines, où l'on eſt obligé de ſe ſervir de la poudre à canon pour détacher le minerai, comme cela ſe pratique dans les mines d'étain, au Rammelſberg, à Schlakenwalde, &c. Sur quoi on peut conſulter la deſcription de Gaſpard Bruſchius.

Je vais maintenant paſſer à l'air renfermé dans la terre, qui eſt la ſeconde cauſe des tremblemens de terre : il les excite, ſoit parce qu'il met en action & entretient le feu ſouterrein, ſoit parce que par lui-même & ſans le ſecours du feu, il eſt en état de cauſer des ébranlemens.

à tomber dans un endroit embraſé, rend ſon action beaucoup plus vive, & produit des ravages terribles : on connoît les effets d'une goutte d'eau lorſqu'elle tombe ſur un métal en fuſion. Cette expérience eſt encore connue des cuiſiniers ; lorſque le feu prend à une poële remplie de graiſſe, ſi au lieu d'étouffer le feu, ils s'aviſent d'y jetter de l'eau, il s'en fait une expanſion très-forte, & ils courent riſque de mettre le feu à la maiſon.

1° L'air excite & entretient le feu qui se trouve dans le sein de la terre. J'ai déja dit plus haut que par l'eau seule, sans le concours de l'air, les substances minérales ne pouvoient point prendre un mouvement intérieur de fermentation, ni s'échauffer, ni par conséquent s'enflammer. Cette vérité n'a pas besoin d'être démontrée, attendu que c'est un principe reçu dans la Physique, que sans air il ne peut y avoir de feu. Il est fort aisé de concevoir comment l'air peut pénétrer dans l'intérieur de la terre; il y entre par les fentes qui vont jusqu'à la surface des montagnes, & il est encore considérablement augmenté, lorsque par les matieres qui s'échauffent intérieurement, les eaux sont volatilisées & réduites en air, comme le prouvent les expériences de l'Œolipyle. Il ne s'agit donc que de prouver, 2° Comment l'air même sans le concours du feu souterrein, peut causer des secousses & des ébranlemens. Ceux qui connoissent la force de l'air quand il est comprimé, sentiront aisément la vérité de ce principe. Nous sommes obligés d'avoir recours ici à la ſtructure intérieure de la terre, en tant qu'elle nous eſt connue. Notre globe n'eſt ni plein ni compact dans toutes ſes parties ; il eſt rempli de fentes, de crevaſſes, de cavités, &c. qui quelquefois ont communication avec ſa ſurface, mais qui en ont toujours les unes avec les autres. L'air rentre dans la terre par les fentes perpendiculaires & diagonales, & l'air extérieur, en preſſant continuellement, empêche que celui qui eſt une fois entré ne revienne ſur ſes pas pour reſſortir, à moins qu'il ne trouve un paſſage par quelque fente placée horiſontalement, ou à moins que le reſſort de l'air intérieur ne fût plus fort que celui de l'air extérieur. Au défaut de ces choſes l'air s'augmentera à la fin au point de faire fendre les roches ſi elles ne ſont point d'une force aſſez grande pour réſiſter à la preſſion. La fiig. 2. de la Planche V. rendra la choſe ſenſible. Soit *A* une montagne dans laquelle ſe trouve une cavité *B*; plusieurs fentes *C* donnent passage à l'air extérieur. Par la pression continuelle de l'air de l'atmosphere il est impossible que l'air qui est une fois entré puisse ressortir, s'il se trouve d'autres fentes horisontales comme *D*; l'air qui est entré dans la terre pourra ressortir, mais s'il ne se trouve point de ces sortes de fentes, & si la roche est trop solide, il est naturel que l'air s'ouvre un passage par un autre côté; il est aisé de comprendre que cela ne doit point se faire sans fracas & sans ébranlement, lorsqu'il sera parvenu jusqu'à la surface de la terre. On ne peut disconvenir qu'il ne puisse entrer de l'air dans la terre par des fentes très-étroites, surtout quand la roche est d'un tissu feuilleté, comme l'ardoise & les charbons de pierre; mais cet air n'est point assez fort pour résister à celui qui est poussé avec violence par les fentes considérables, & pour le chasser. Ce que je viens de dire est confirmé par l'exemple de toutes les mines, où lorsqu'il n'y a point de gallerie de percement, l'air ne peut point se renouveller quand même on auroit formé plusieurs puits pour faciliter ce renouvellement. On en a la preuve dans les cul-de-sacs des galleries, lorsqu'elles sont poussées fort loin, dans lesquelles, à moins qu'on ne fasse descendre des puits ou des machines pour mettre l'air en mouvement, l'air est stagnant au point que les lampes des ouvriers ne peuvent brûler dans ces endroits faute de circulation d'air. Si ces endroits se trouvent remplis de vapeurs arsénicales & nuisibles, les ouvriers y périssent; s'ils sont remplis d'exhalaisons sulfureuses elles s'enflamment aux lampes; & comme l'espace est étroit, il se fait ordinairement une explosion & un bruit terrible; les ouvriers sont quelquefois jettés au loin, & brûlés ou étouffés. On auroit tort de conclure de-là que ces effets sont dûs à un nître souterrein; il suffit de faire attention que l'air, quand il est comprimé dans une canne à vent, fait un bruit considérable, & on n'aura qu'à se rappeller ce qui a été dit ci-devant au sujet de l'expérience par laquelle on mêle un acide étendu dans de l'eau, avec de la limaille de fer. Ce qui vient d'être dit explique la raison pourquoi devant & après les tremblemens de terre on entend des bruits souterreins, des mugissemens & des explosions très-fortes ; outre cela le sifflement qui se fait alors entendre dans l'air, fait connoître que l'air renfermé dans la terre, a trouvé quelque issue pour en sortir. Le gonflement des eaux indique aussi une éruption de l'air par des fentes horisontales ; en effet, peut-il arriver autre chose, lorsque l'air qui a été renfermé ne trouve d'issue que dans l'eau, il faut nécessairement qu'il la fasse soulever. On peut encore attribuer à la même cause la cessation des fontaines & des sources. En effet, lorsque les ébranlemens ont formé de nouvelles fentes dans les cavités qui sont dans le voisinage de ces sources, il est aisé de voir qu'au lieu de monter, leurs eaux doivent aller se précipiter & se perdre dans les réservoirs qui leur ont été ouverts; mais si ces fentes sont étroites & d'une profondeur peu considérable, ces sources ne cesseront de fournir de l'eau qu'autant de tems qu'il en faudra pour remplir ces petites fentes, après quoi elles continueront à couler comme auparavant. Ceci fait aussi sentir la raison pourquoi devant & après les tremblemens de terre, les eaux sont long-tems troubles & limoneuses; en effet, quand des eaux souterreines viennent à sortir de la terre par les ouvertures qui ont été faites, soit par l'air soit par le feu, elles entraînent avec elles de l'argille, du limon & même des terres métalliques qui se mêlent avec les eaux qui ont à la surface de la terre. Nous ıvons eu il y a quelques années 'exemple d'un pareil phénomene lans le lac appellé Straussée, qui est quelques lieues de Berlin; l'eau toit devenue entierement verte d'un ôté du lac, & annonçoit visiblement les particules cuivreuses; je suis conaincu que cela venoit de quelque fente qui s'étoit nouvellement formée ſous terre, & que les eaux en ſortant avoient charrié ces terres métalliques dans ce lac. On voit encore par ce principe, fondé ſur l'expérience, la raiſon pourquoi les tremblemens de terre gâtent quelquefois des eaux minérales & thermales & des fontaines ſalantes, parce qu'ils font que ces eaux ſe mêlent avec des eaux impures & étrangeres. Mais il paroît que le ſentiment de M. Moro, n'eſt point fondé lorſqu'il prétend que les lacs d'eau ſalée ont été formés par ces embraſemens ſouterreins, par les volcans & par les tremblemens de terre; ſans cela, pourquoi ne verrions-nous pas la même choſe arriver actuellement ?

On voit par ce qui vient d'être dit, à quel point l'air, ſoit lorſqu'il eſt ſeul, ſoit lorſqu'il eſt ſecondé par l'action du feu, eſt en état de produire des ſecouſſes ſous la terre. Je pourrois prouver les principes que je viens d'établir par un grand nombre d'exemples tant anciens que récens; mais je crois que cela ſeroit inutile, & je renvoie le Lecteur à Pline, à Agricola, à Mathesius, Moro, Boccone, à l'Ouvrage publié depuis peu par M. Schulze, sous le titre de *Pensées Physiques sur les tremblemens de terre*, à un grand nombre d'Historiens & de Voyageurs, & même à la plûpart des Journaux qui paroissent actuellement. Si on veut se donner la peine de comparer les phénomenes qui y sont décrits avec les principes que je viens de poser, on trouvera que la plûpart des tremblemens de terre sont accompagnés des circonstances que je viens de rapporter. Mais nous aurons occasion d'en dire quelque chose de plus dans la seconde Partie de ce Mémoire.

Les eaux sont la troisieme cause des ébranlemens de la terre. On les divise en eaux de la surface de la terre, & en eaux souterreines. Les unes & les autres contribuent aux tremblemens de terre. Je ne m'arrêterai point à répéter ici de quelle nécessité l'eau est très-souvent pour exciter le feu souterrein; j'en ai déja parlé plus haut; je me contenterai de faire voir que l'eau même, sans le secours des embrasemens de la terre, est capable de causer des ébranlemens & des secousses. Cela arrive sur-tout par les terres qu'elle détache en différens endroits & par les cavités qu'elle forme dans l'intérieur de la terre; cette vérité est prouvée par un grand nombre d'exemples.

Si on fait attention à l'énorme quantité d'eau qui va se rendre dans le sein de la terre, on ne sera point étonné de ces phénomenes; en effet, les ouvriers des mines sçavent que dans des profondeurs de plusieurs centaines de toises, les eaux montent & s'élevent quelquefois avec beaucoup de rapidité. On ne peut point toujours dire que ces eaux viennent de la surface de la terre, & tombent dans ces profondeurs en passant par les fentes de la terre; plusieurs sources que nous rencontrons au haut des montagnes les plus élevées aussi-bien que dans les vallées les plus profondes, font voir qu'il y a sous terre un réservoir immense

menſe d'eau. Cas eaux agiſſent en détrempant & en diſſolvant peu-àpeu les différentes eſpéces de terres & de pierres ; nous avons une preuve que cela arrive dans les fontaines dont les eaux forment des incruſtations, dans les ſources, qui en ſortant des grandes montagnes, entraînent de l'ochre avec elles ; à quoi pourroit-on attribuer la pierre calcaire dont les premieres ſont chargées, & l'ochre des dernieres, s'il ne s'étoit fait un détrempement & une diſſolution de la pierre calcaire & de la terre ferrugineuſe ? Puiſque actuellement ces eaux ont détrempé les terres & les pierres depuis pluſieurs milliers d'années, que l'on faſſe attention aux fentes & aux cavités qu'elles ont dû former dans l'intérieur de la terre. Nous en avons des preuves indubitables dans les cavernes que nous voyons. Que l'on conſidere que les lits & les couches intérieures de notre globe qui ſont au-deſſous de la terre végétale ne ſont point par-tout les mêmes. Puiſque ces faits ſont appuyés ſur l'expérience & puiſqu'on peut les ſuppoſer hardiment, on voit que ces excavations ſouterreines ont dû produire pluſieurs effets. Suppoſons, par exemple, dans la Planche V. figure 2, qu'en *A* on trouve au-deſſous de la terre végétale un amas formé de pierres détachées, de ſable, de glaiſe, &c. Quand deſſous cet amas on rencontre une roche noire feuilletée & remplie de fentes, & qu'encore plus bas on trouve une roche calcaire; il eſt naturel de penſer, & l'expérience prouve que les eaux qui paſſent par les fentes *C*, diſſolvent à la longue cette roche calcaire; par-là la roche noire & feuilletée qui eſt au-deſſus, perd ſon appui, & l'amas confus de ſable, de pierres détachées, &c. qui eſt plus haut, venant à preſſer ſur cette roche, la force à s'écrouler & à tomber dans cet abyſme. Si les eaux ſouterreines auſſi-bien que celles qui viennent de la ſurface, n'ont point eu leur écoulement par les fentes horiſontales *D*, mais ſi elles ſe ſont amaſſées dans la caverne *B*, il eſt naturel de préſumer que la grande quantité de terres & de pierres qui viennent s'y précipiter forceront ces eaux à s'élever avec violence; voilà pourquoi dans les tremblemens de terre on voit ſouvent paroître des abyſmes & des gouffres pleins d'eau. On ſentira aiſément qu'un pareil écroulement ne peut point ſe faire ſans ébranler conſidérablement le terrein des environs. La même choſe doit encore arriver lorſque les feux ſouterreins ont rendu plus tendres & miné les roches des montagnes; ſi ces cavités renfermoient des exhalaiſons minérales & des mouffettes, elles ſont auſſi forcées de ſortir par ces écroulemens, attendu qu'on ſçait que ces vapeurs qui ſéjournent à la ſurface des eaux dont ſe ſont remplis les ſouterreins des mines abandonnées, peuvent être miſes en mouvement par la moindre pierre qui ira y tomber. Les eaux qui ont été forcées de s'élever, demeurent à l'endroit où elles ſont, ou bien elles s'écoulent avec le tems: le premier cas arrive lorſque le terrein eſt ſi compact & ſi ſerré, que les eaux ne trouvent aucun passage pour s'échapper; & le second, lorsque les eaux en détrempant le terrein peuvent s'ouvrir des issues. Voilà comment se produisent les écroulemens des terres.

Si quelqu'un doutoit de la vérité de ce que je viens de dire, il n'aura qu'à consulter les anciens ouvriers des mines, ils lui diront le danger qu'il y a de pousser des galleries de communication vers les endroits où se trouvent de vieux souterreins abandonnés & d'anciens puits de mines qui se sont remplis d'eaux, & que souvent, lorsqu'on s'est assez approché de ces puits pour les percer, les eaux arrachent & entraînent la roche, submergent les ouvriers qui travaillent dans ces endroits, & les entraînent quelquefois par les ouvertures des galleries de percement. L'ébranlement est encore plus violent lorsque les roches calcaires ont été calcinées par les feux souterreins; alors les eaux qui viennent s'amasser dans les cavités formées par le feu, échauffent la chaux qui s'y est faite, elles en font l'extinction, & par-là elles facilitent la chûte des roches qui sont au-dessus.

Voilà la maniere dont les eaux souterreines & celles de la surface de la terre, peuvent concourir à produire des tremblemens de terre & des secousses. Ceux qui se sont trouvés dans des mines au moment où l'on venoit d'ouvrir un passage aux eaux renfermées, s'en formeront encore une idée plus précise. Cependant je conviens que les secousses causées par les eaux sont les plus foibles de toutes, & quelquefois on ne s'en apperçoit que foiblement ou même point du tout à la surface de la terre. Après avoir exposé les causes des tremblemens de terre, je vais rapporter celles de quelques phénomenes qui les accompagnent.

J'ai dit dès le commencement de ce Traité que l'on entend communément un bruit souterrein devant & après les tremblemens de terre. Ce bruit est causé 1° par le feu souterrein qui oblige la roche solide à se partager, ce qui fait un bruit semblable à celui qu'on entend dans les souterreins des mines, lorsqu'on se sert du feu de bois pour attendrir le rocher. 2° Ce bruit est causé par l'air dilaté qui ne pouvant point s'étendre dans les fentes, fait un bruit semblable à celui que produit tout air comprimé quand il trouve une issue pour s'échapper. 3° Ce bruit est causé par la chûte des pierres que le feu à détachées lorsqu'elles tombent les unes sur les autres. 4° Les eaux souterreines sont aussi capables de produire ce bruit, lorsqu'elles viennent à sortir avec violence.

Le soulevement & le gonflement du terrein sont causés par la fermentation interne qui précede, & par la propriété expansive de l'air & du feu qui cherchent à se faire un passage vers la surface de la terre. D'un autre côté les affaissemens du terrein viennent de l'écroulement des parties solides qui se soutenoient. Quant au gonflement des eaux, il est causé par l'air lorsqu'il sort de la terre qui est au-dessous de ces eaux; en les pressant, il les force à s'élever; & ces eaux retombent & se retirent, parce que alors il s'ouvre des fentes dans lesquelles elles vont se rendre, & elles ne se remettent de niveau que lorsque ces fentes ou cavités en ont été remplies. Boccone dans son *Museo di Fisica e di Esperienze, observat.* 33, regarde le passage des eaux d'une fente dans une autre, comme la cause du phénomene que présentent quelques fontaines dont les eaux augmentent & diminuent en de certains tems.

Les éruptions des eaux, du feu, des vapeurs & des vents doivent être attribuées à l'élasticité de ces substances; en effet, quand elles se sont amassées dans un certain espace renfermé, au point de ne pouvoir plus s'étendre, elles sont obligées à faire effort pour s'ouvrir de nouvelles routes, & conséquemment elles brisent les obstacles qui les arrêtent & sortent avec impétuosité. Le retour de ces éruptions au bout d'un certain tems, est causé parce que la roche solide qui est sous la terre, ne s'écroule que par degrés, & par conséquent les secousses ne doivent se faire sentir qu'à de certains momens: ou bien cela arrive lorsque le feu souterrein en s'étendant par des fentes étroites, s'augmente & est à la fin obligé de s'ouvrir de nouveaux passages pour sortir, d'élargir ces fentes étroites, & par-là de causer de nouvelles secousses.

Les Auteurs rapportent encore d'autres circonstances qu'ils ont observées dans les tremblemens de terre. Le Gentil, dans son *nouveau Voyage autour du monde*, dit que dans un tremblement de terre dont il fut témoin à Cusco au Pérou, une demi-heure auparavant qu'il commençât, les animaux trembloient, les chevaux hennissoient, se détachoient de leurs licols & se sauvoient des écuries; les chiens faisoient des hurlemens; les oiseaux pleins d'effroi se réfugioient dans les maisons: enfin, que les rats & les souris sortoient de leurs trous: d'autres Auteurs ont rapporté les mêmes faits. Il y a toute apparence que la cause en doit être attribuée aux exhalaisons qui dès lors se font sentir ; & comme la plûpart des animaux ont l'odorat & l'ouie beaucoup plus fins que nous, il est à présumer qu'ils ont éprouvé des sensations qui ont déterminé en eux les marques de frayeur dont on vient de parler.

Boccone a remarqué dans sa seconde Observation, que les endroits les plus sujets aux tremblemens de terre, sont ceux où le terrein est composé de craie, d'une roche brisée & mêlée de sable. * Pour éclaircir

* La remarque de Boccone peut être vraye dans le pays où il vivoit, c'est-à-dire, en Sicile & en Italie, où toute la surface de la terre n'est composée que des débris des volcans ; suivant les principes que M. Lehmann a posés ci-devant, la commotion doit être plus forte en raison de la résistance que trouve l'air & l'eau lorsqu'ils ont été mis en expansion par le feu ; & il est constant que cette résistance est très-foible dans les terreins composés de sable & d'une roche brisée. En général l'expérience prouve que les pays les plus exposés aux secousses de tremblemens de terre sont ceux qui renferment une plus grande quantité de substances combustibles ; ces pays touchent immédiatement à la cause, au lieu que les

ce fait on n'a qu'à ſe rappeller ce que j'ai dit plus haut, que les terreins les plus propres à être ébranlés par les embraſemens de la terre, & à s'écrouler, ſont ceux dans leſquels on rencontre beaucoup de couches calcaires & de roches briſées.

L'on a obſervé que les vaiſſeaux qui étoient à l'ancre, étoient ſouvent violemment agités, ſouvent arrachés de leurs ancres & démâtés, ce qui annonce des tempêtes excitées par les vents, qui en ſortant du fond du lit des eaux, produiſent ces ravages. Mais en voilà aſſez ſur les cauſes des tremblemens de terre, & des phénomenes principaux qui les accompagnent.

autres ne ſont agités que médiatement & par des ſecouſſes communiquées de proche en proche.

SECONDE PARTIE.

Des routes que suivent les Trémblemens de terre, & des causes de leur propagation.

POUR ne point s'arrêter à faire de simples conjectures sur cette matiere, il faut encore recourir à la structure intérieure de la terre, autant qu'elle nous est connue. Nous sçavons que la terre est composée de couches qui sont tantôt horisontales, tantôt inclinées, tantôt perpendiculaires. Nous sçavons que ces couches sont de différente nature, qu'elles ne sont point par-tout liées, qu'elles ne se touchent point immédiatement, mais que dans de certains endroits leur continuité est interrompue par des fentes, des cavités & par d'autres accidens qui semblent les avoir tranchées. Comme ces choses sont fondées sur l'expérience & assez connues, il est aisé de sentir que les routes que ſuivent les tremblemens de terre & que les manieres dont ils s'étendent, doivent être très-variées.

Il eſt donc naturel de concevoir que lorſque le feu, l'air & l'eau, que nous avons dit être les cauſes des tremblemens de terre, ont commencé à diſſoudre & à agir ſous terre; ces agens demeurent au même endroit tant qu'ils trouvent ſuffiſamment de quoi s'y étendre. Lorſque par la ſuite ils viennent à s'accumuler, ils cherchent un plus grand eſpace vers lequel ils ſe ſont ouvert des routes par les diſſolutions dont nous avons parlé, & ils ont alors plus de facilité à trouver cet eſpace. Cela arrive, ſoit parce qu'ils rencontrent une iſſue à la ſurface de la terre, ſoit parce qu'ils continuent à s'avancer dans ſon intérieur. Nous allons examiner en particulier chacune de ces voies. Lorſque ces agens trouvent un paſſage à la ſurface de la terre, cela ſe fait ou par les fentes qui étoient déja faites, ou par celles qui ſe forment de nouveau. On remarque ce phénomene sur-tout dans les mines où souvent on vient à donner avec les outils dans des fentes, d'où il sort une si grande quantité d'air, que les lampes sont long-tems sans pouvoir se tenir allumées, jusqu'à ce que cet air qui est ou simple ou mêlé d'exhalaisons minérales, se soit entierement dissipé & se soit uni avec l'air extérieur. Lorsqu'il n'y a point de fentes de cette espéce, ces agens en forment de nouvelles par la force de leur élasticité qui fait fendre les rochers. Nous avons fait voir dans la premiere Partie de quelle maniere ils operent. Nous avons dit que la terre est composée de couches de différente nature; ce sont-là les routes que les tremblemens de terre suivent pour s'étendre & se propager. En effet, ou ces couches sont remplies de pyrites, ou de mines pyriteuses, ou elles contiennent des substances inflammables qui servent à alimenter ou à augmenter le feu qui commence à s'allumer, ou elles contiennent des pierres propres à s'échauffer fortement, à ſe fendre & à ſe briſer par la chaleur.

Toutes ces circonſtances contribuent aux tremblemens de terre; la Planche VI. rendra la choſe plus ſenſible. Soit *A* une chaîne de montagnes à filons qui tiennent les unes aux autres, ſur laquelle la montagne *B* compoſée de couches vient s'appuyer. Dans le plan géométral qui eſt au-deſſous on voit différentes couches, des filons & des fentes qui ſont ou paralleles ou qui ſe coupent & ſe croiſent. Comme les embraſemens ſouterreins ſont la cauſe la plus ordinaire des tremblemens de terre, nous ſuppoſerons, par exemple, que l'embraſement commence dans la couche ſupérieure *C* de la montagne *B*, qui eſt compoſée de couches dans leſquelles il y a des charbons de terre mêlés de pyrites; ce feu s'augmente, il s'échauffe & rougit le centre de la montagne *D*, qui eſt compoſé communément de pierre à chaux ou du moins d'un mêlange de pierre calcaire, de ſable, de glaiſe, &c. par-là la couche *E*

Occ.
Mi.   Sep.
Or.

Ligne Horizontale

B.R

qui eſt au-deſſous s'embraſe pareillement, & le feu continue à s'y étendre & à gagner tant qu'il rencontre une matiere propre à s'enflammer; cela peut durer quelquefois dans un eſpace de pluſieurs milliers de toiſes, ſur-tout ſi l'air peut s'y joindre par les fentes & les puits marqués par *F* & par *G*. Par-là le progrès du feu eſt facilité, & à la fin il parvient à la montagne à filon, à laquelle la bande calcaire touche en *H*. La pierre calcaire s'échauffe, & l'air qui pénetre par les fentes, pouſſe le feu & le fait aller en avant, de maniere que le reſte de la couche de charbon de terre depuis *a* juſqu'à *b* s'embraſe entierement. En ſuppoſant qu'il y eût un lac à l'endroit marqué *c*, ou même la mer, où l'air comprimé pût trouver une iſſue pour s'échapper, il n'eſt point douteux qu'il s'y excitera une tempête; & ſi la nature du terrein le permet, il y aura un tremblement de terre ſur le continent. Près de *b* l'embraſement agira dans la fente *I*, où la preſſion de l'air l'augmentera; mais en chemin il rencontre en *K* un filon rempli de pierres détachées, feuilletées & de la nature de l'ardoise, & dans laquelle il se trouve de l'eau; la chaleur écarte la roche, elle réduit l'eau en vapeurs & par-là elle rend la pierre encore moins liée qu'elle n'étoit auparavant. A côté de ce filon, qu'en langue des mines on nomme *pourri*, se trouve une grande ouverture *L*, remplie d'une eau qui est déja dans l'état de compression, mais qui n'a pas pû se faire un passage, parce que le cœur de la montagne *M* étoit trop solide. Pendant ce tems tout le terrein s'est affaissé, de maniere que ni l'air ni le feu ne peuvent plus s'étendre vers le haut. Cette circonstance sera capable de produire un tremblement de terre; car la chaleur étant très-vive & l'air étant mis de plus en plus en expansion, il arrive que l'un & l'autre cherchent une issue; alors ils font sauter le cachot où ils étoient renfermés, aussi-bien que les couches qui l'environnent, & quand cet effort est accompagné d'une force suffiſante, ceux qui habitent en *N* doivent en reſſentir les funeſtes effets. Pendant ce tems l'air dilaté par la chaleur, a continué à s'avancer dans la fente *I* qui en coupe une autre marquée *P* en *O*, qui va près de *Q* du côté de la mer ou d'un lac; & quoique cette fente ſoit fermée juſqu'à quelques toiſes de la ſurface de la terre, la forte preſſion de l'air l'oblige à s'ouvrir, alors elle fait gonfler les eaux: ces eaux entrent enſuite dans la fente qui vient de ſe former, juſqu'à ce qu'elle en ſoit entierement remplie. Par-là le lac ſemblera diminuer pendant quelque tems, mais l'eau ſe remettra de niveau lorſqu'il ne pourra plus rien ſe perdre par la fente. Lorſque la couche calcaire qui eſt dans la vénule *H*, eſt achevée d'être brûlée ou calcinée; ſi près de *R* il ſe trouve une iſſue *P*, l'air qui eſt chaſſé avec impétuoſité entraînera des cendres, des pierres calcinées, &c. qui ſeront jettées ſur les eaux: & comme *H* & *P* rencontrent dans leur route une autre fente *S*, une partie de l'air s'échappera par-là en *T*, & c'eſt là-deſſus qu'eſt fondée la différence qui ſe remarque du mouvement plus ou moins fort de la mer ; c'eſt-à-dire, qu'il dépend du plus ou du mois d'iſſues que trouve l'air comprimé, qui par conſéquent en eſt dans une expanſion ou une diviſion plus ou moins violente. On voit auſſi par-là la raiſon pourquoi les ſecouſſes ne ſe ſuccedent quelquefois que long-tems les unes après les autres : en effet, tandis que l'air & le feu cherchent continuellement de nouvelles iſſues & échauffent de nouveaux corps, & puiſque ces deux agens demeurent ſous terre tant qu'ils ont aſſez d'eſpace pour s'étendre, il faut néceſſairement que les ſecouſſes ne ſe faſſent ſentir que par intervalles & ne s'excitent que quand les cauſes ſe ſont réunies. Suppoſons que *U* & *V* ſont deux vénules remplies d'un mêlange de ſpath, de quartz, de beaucoup de pyrites & de mine de plomb ; *U* s'échauffera plus promptement que *V* par le feu qui eſt pouſſé en avant par l'air qui vient de la fente *I*; mais la ſolidité de la roche fera que l'écroulement ne s'en fera que lentement, ainſi que la ſecouſſe qu'il cauſera en *L* & *M*. L'ébranlement ou la ſecouſſe ſera encore plus lente à ſe faire ſentir près de *V*, 1° Parce qu'il faut beaucoup plus de tems pour que l'air & le feu s'étendent dans la fente ouverte *I*, pour qu'ils atteignent la vénule *V*; 2° Parce que par la premiere ſecouſſe qui s'eſt produite en *L*, *M*, & qui ſe fait ſentir ſur la terre en *N*, il eſt déja parti une portion conſidérable de l'air & de la chaleur; par conſéquent l'air qui reſte en arriere, peut ſe dilater pendant fort longtems avant que de pareilles ſecouſſes ſe faſſent ſentir en *X*. Cela ſuffit pour fair voir comment un grand eſpace peut être agité par un tremblement de terre.

On demandera à préſent comment ces ſecouſſes peuvent être reſſenties à des diſtances encore plus conſidérables, & dans des iſles fort éloignées du continent. Je réponds à cela qu'il eſt très-probable qu'il y à des conduits, des canaux & des fentes profondément au-dessous du lit de la mer, qui communiquent à la terre ferme. Est-il donc surprenant que le feu en s'étendant & rencontrant des substances propres à s'enflammer, y produisent les mêmes phénomenes que sur le continent? * Il n'est gueres possible de rendre raison d'une autre maniere des routes que suivent les tremblemens de terre, & de la façon dont ils se propagent, que celle qui est fondée sur la structure intérieure du globe, & qui par conséquent n'est point établie sur de simples conjectures. Outre cela les principes que nous avons posés, nous font connoître pourquoi

* Il n'est point nécessaire d'étendre trop loin la propagation des tremblemens de terre; il peut y avoir plusieurs foyers différens, dans lesquels le feu peut s'allumer soit en même tems, soit en des tems différens. En général l'on a remarqué que les tremblemens de terre se communiquent en suivant la direction des chaînes de hautes montagnes; ce qui doit faire supposer des canaux & des cavités souterreines par où elles communiquent des unes aux autres.

les tremblemens de terre ne culbutent qu'une langue de terre fort étroite & ne renversent qu'une partie d'une ville. Si, par exemple, une ville étoit bâtie en longueur parallelement à la fente *I*, il ne peut manquer d'arriver que cette ville ne soit entierement renversée par le tremblement de terre. Mais si elle est bâtie sur une ligne ou dans une direction qui coupe la fente, la partie qui sera précisément au-dessus de la fente sera celle qui souffrira le plus; au lieu que lorsqu'il se trouvera sous terre des masses immenses de matieres propres à s'enflammer & des minéraux déja embrasés, le tremblement de terre se fera sentir en tout sens, & s'étendra beaucoup plus loin. Il suit encore de-là que plus le feu & l'air dilaté trouveront de fentes spacieuses, moins on aura à craindre des tremblemens de terre, à moins que leur premier effort ne vînt à être secondé par une plus grande quantité d'air, ou à moins que le feu ne vînt à être fortifié par le concours d'une plus grande quantité de matiere inflammable. Ainsi il y a des embrasemens souterreins qui peuvent durer plusieurs siécles, sans exciter des tremblemens de terre dans leur voisinage, soit parce que l'air & le feu ont assez d'espace pour s'étendre, soit parce que leur expansion n'a point été assez forte pour pouvoir se faire une route au travers des couches de la terre qui les couvre. Comment pourra-t-on sçavoir l'origine des terres rouges ferrugineuses charriées par des fontaines qui ont leur source dans les plus hautes montagnes, & comment décider si ces terres ne sont point des restes des embrasemens de la terre qui ont pû avoir lieu il y a plusieurs milliers d'années ? Par la simple décomposition de la mine de fer, il se forme de l'ochre jaune, mais le saffran rouge de mars ne se produit point si aisément. Ce qui a été dit nous fait encore sentir la raison pourquoi les tremblemens de terre ne peuvent point causer un dommage considérable aux mines ; car s'il y en avoit dans leur voisinage, elles fourniroient des paſſages libres à l'air & aux eaux, ce qui diminueroit beaucoup leur violence; les puits, les galleries ſeroient autant de fentes par où ils pourroient s'échapper, & d'ailleurs l'air renfermé ſous terre n'y trouveroit rien qui fut propre à lui donner des forces; & ſi ces mines ſont profondes elles lui préſentent moins de réſiſtance, & conſéquemment il ſeroit moins fortement comprimé. Ainſi le ſeul effort des terres ſur les mines ſeroit de faire ſortir plus abondamment les eaux ſouterreines, & d'y faire régner pendant quelque tems des vapeurs & des exhalaiſons nuiſibles, à proportion que l'air & l'eau en s'échappant ſe ſeroient plus ou moins chargés de particules minérales.

On voit donc par tout ce qui précede que la violence des tremblemens de terre ne dépend que de la compreſſion & de l'expanſion plus ou moins forte de l'air & du feu qui ſe trouvent dans le ſein de la terre. On peut donc réduire les cauſes des tremblemens de terre & de leur propagation en peu de mots, aux principes ſuivans.

1° Tous les tremblemens de terre viennent, ſoit du feu ſouterrein, ſoit de l'air, ſoit de l'eau, ſoit de ces trois cauſes à la fois.

2° Ces trois corps élaſtiques n'excitent des tremblemens de terre, que lorſqu'ils ſont comprimés & forcés à s'ouvrir des paſſages pour pouvoir s'étendre.

3° Il ne peut y avoir de tremblemens de terre à moins que la force élaſtique de ces corps ne vienne à bout de vaincre les obſtacles qui s'oppoſent à leur iſſue.

4° Ainſi tous les phénoménes qui accompagnent les tremblemens de terre, peuvent être expliqués par le principe qui précede.

5° Il y a beaucoup de liaiſon & de conformité entre les tremblemens de terre & les volcans.

6° Il eſt & ſera toujours impoſſible de prévoir les tremblemens de terre, tant que nous ne connoîtrons point

point parfaitement la liaiſon & les communications que les fentes & les canaux ſouterreins ont entre-eux *.

7° Non-ſeulement il eſt croyable, mais encore on ſçait par des relations authentiques, que la ſurface de la terre a éprouvé un grand nombre de changemens par les tremblemens de terre.

8° Il y a tout lieu de croire que plusieurs iſles nouvellement formées dans la mer, ſont redevables de leur formation aux tremblemens de terre, attendu que les ébranlemens & les ſecouſſes ont fait ouvrir des fentes énormes dans leſquelles une quantité d'eau immenſe a été abſorbée, & conſéquemment les terres & les pointes de rochers qui auparavant

* On a déja fait remarquer que la propagation des tremblemens de terre ſe fait ordinairement en ſuivant la direction des chaines de montagnes. Dans les Iſles Antilles qui ne paroiſſent être que la continuation des ſommets des montagnes du continent de l'Amérique, on a obſervé que lorſqu'on y éprouvoit un tremblement de terre, on étoit aſſuré qu'il y en avoit auſſi un ſur la terre ferme.

n'étoient point profondément enfoncés sous les eaux, ont été mis à nud.

9° Les pays les plus élevés & dans lesquels se trouvent de hautes montagnes sont moins sujets aux tremblemens de terre, que les pays où il n'y a que des montagnes de moyenne grandeur & des plaines, parce que le poids des montagnes & les roches solides qu'elles renferment sont en état de résister plus longtems à l'expansion de l'air & du feu *.

10° Comme, faute de connoître parfaitement l'intérieur de la terre, on ne peut sçavoir la route que suivra un tremblement de terre, il est impossible de s'en garantir.

* On pourra objecter à l'Auteur l'exemple du Pérou qui est exposé aux plus affreux tremblemens de terre, quoique les montagnes de la Cordeliere soient les plus hautes du monde, & même, suivant les observations de M. de la Condamine, le terrein du vallon dans lequel est bâtie la ville de Quito est à 1470 toises au-dessus du niveau de la mer, & plusieurs montagnes de cette province ont plus de 3000. toises de hauteur perpendiculaire.

11° Comme la Nature eſt continuellement occupée à produire des pyrites, des mines de fer, des charbons de terre & d'autres ſubſtances inflammables dans le ſein de la terre, il y aura des tremblemens de terre tant que le monde durera. *

12° Peut-être que l'air & le feu ſouterrein ſont des cauſes accidentelles qui contribuent à la formation des mines & des minéraux dans le ſein de la terre, vû que par leur moyen pluſieurs ſubſtances ſont miſes en diſſolution, ſont altérées, tranſportées en d'autres lieux, & combinées avec d'autres corps. **

* Malgré le peu d'eſpérance que l'Auteur nous donne, il y a lieu de préſumer que les ſubſtances qui ſervent d'aliment aux feux ſouterreins, doivent à la fin s'épuiſer.

** M. Michel Lomonoſow, Profeſſeur en Chymie de l'Académie Impériale de S. Péterſbourg, a tenté de prouver la même choſe dans une Diſſertation latine en forme de Diſcours, qui a été imprimée ſous le titre de *Oratio de generatione metallorum à terræ motu. Petropoli* 1757.

Fin du Traité des Tremblemens de Terre.

TABLE DES MATIERES

Contenues dans le troisieme Volume.

A

B

D

E

F

G

H

I

K

L

M

N

O

P

Q

R

S

T.

Z

Fin de la Table des Matieres.

FAUTES A CORRIGER.

TOME TROISIEME.

PAGE 201. *l.* 11. épouve, *liſ.* éprouve.
P. 231. *l.* 23. parcoure, *liſ.* parcourt.
P. 457. *l.* 1. cas eaux, *liſ.* ces eaux.

BIBLIOTHEQUE ROYALE I

APPROBATION.

J'Ai lû par ordre de Monseigneur le Chancelier un manuscrit qui a pour titre : *Œuvres Physiques & Minéralogiques de M. Lehmann*, traduites de l'Allemand; & j'ai cru que l'impression en seroit utile au Public. A Paris, ce 4. Novembre 1758.

Signé LAVIROTTE.

PRIVILÉGE DU ROI.

LOUIS, PAR LA GRACE DE DIEU, ROI DE FRANCE ET DE NAVARRE. A nos amés & féaux Conseillers les Gens tenans nos Cours de Parlement, Maîtres des Requêtes ordinaires de notre Hôtel, grand Conseil, Prevôt de Paris, Baillifs, Sénéchaux, leurs Lieutenans Civils & autres nos Justiciers qu'il appartiendra; SALUT. Notre bien-amé JEAN-THOMAS HÉRISSANT, Libraire à Paris, ancien Adjoint de sa Communauté, Nous ayant fait remontrer qu'il souhaiteroit faire imprimer & donner au Public des Ouvrages qui ont pour titre : *Œuvres Physiques & Minéralogiques de M. Lehmann. Leçons de Chymie, par Pierre Shaw, premier Médecin du Roi d'Angleterre. Pharmacopée du Collége des Médecins de Lon-*

dres. Histoire abrégée des grands Fiefs ou Vassaux de la Couronne; s'il nous plaisoit lui accorder nos Lettres de Privilége pour ce nécessaires. A CES CAUSES, voulant favorablement traiter l'Exposant, Nous lui avons permis & permettons par ces Présentes, de faire imprimer lesdits Ouvrages autant de fois que bon lui semblera, & de les vendre, faire vendre & débiter par tout notre Royaume, pendant le tems de six années consécutives, à compter du jour de la datte des présentes. FAISONS défenses à tous Imprimeurs, Libraires, & autres personnes de quelque qualité & condition qu'elles soient, d'en introduire d'impression étrangere dans aucun lieu de notre obéissance; comme aussi d'imprimer, ou faire imprimer, vendre, faire vendre, débiter ni contrefaire lesdits Ouvrages, ni d'en faire aucuns Extraits sous quelque prétexte que ce puisse être, sans la permission expresse & par écrit dudit Exposant, ou de ceux qui auront droit de lui, à peine de confiscation des Exemplaires contrefaits, de trois mille livres d'amende contre chacun des contrevenans, dont un tiers à Nous, un tiers à l'Hôtel-Dieu de Paris, & l'autre tiers audit Exposant ou à celui qui aura droit de lui, & de tous dépens, dommages & intérêts; à la charge que ces Présentes seront enregistrées tout au long sur le Registre de la Communauté des Imprimeurs & Libraires de Paris, dans trois mois de la datte d'icelles; que l'impression desdits Ouvrages sera faite dans notre Royaume & non ailleurs, en bon papier & beaux caracteres, conformément à la feuille imprimée attachée pour modele sous le contre-scel des présentes; que l'impétrant se conformera en tout aux Reglemens de la Librairie, & notamment à celui du 10 Avril 1725 : qu'avant de les exposer en vente les Manuscrits qui auront servi de copie à l'impression desdits Ouvrages seront remis dans le même état où l'Approbation y aura été donnée ès mains de notre très-cher & féal Chevalier Chancelier de France le sieur Delamoignon, & qu'il en sera ensuite remis deux Exemplaires de chacun dans notre Bibliothéque publique, & un dans celle de notre Château du Louvre, & un dans celle de notredit très-cher & féal Chevalier Chancelier de France le sieur Delamoignon, le tout à peine de nullité des présentes; Du contenu desquelles vous mandons & enjoignons de faire jouir ledit Exposant & ses ayant causes pleinement & paisiblement, sans souffrir qu'il leur soit fait aucun trouble ou empêchement. Voulons que la copie des présentes qui sera imprimée tout au long au commencement ou à la fin desdits Ouvrages, soit tenue pour duement signifiée, & qu'aux copies collationnées par l'un de nos Amés & féaux Conseillers Secrétaires, foi soit ajoutée comme à l'original. Commandons au premier notre Huissier ou Sergent sur ce requis de faire pour l'exécution d'icelles tous Actes requis & nécessaires, sans demander autre permission, & nonobstant clameur de Haro, Chartre Normande & Lettres à ce contraires. Car tel est notre plaisir. Donné à Versailles le douziéme jour du mois de Septembre l'an grace mil ſept cent cinquante-huit, & de notre regne le quarante-quatrieme. Par le Roi en ſon Conſeil.

LEBEGUE.

Regiſtré ſur le Regiſtre quatorziéme de la Chambre Royale des Libraires & Imprimeurs de Paris, n°. 418. fol. 369. *conformément aux anciens Reglemens, confirmés par celui du vingt-huitiéme Février 1723. A Paris le 15 Novembre 1758.*

P. G. LE MERCIER, *Syndic.*

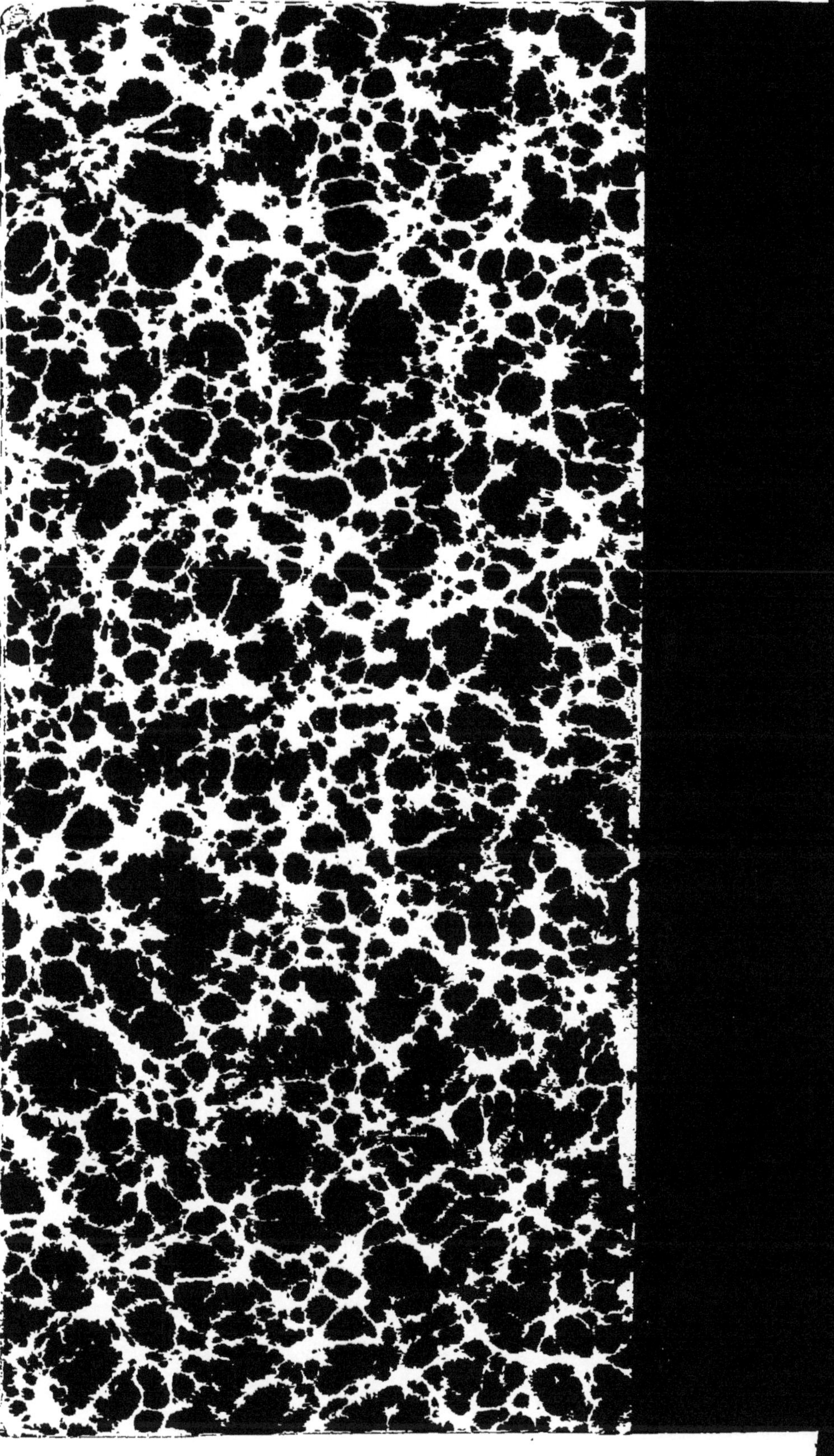

www.ingramcontent.com/pod-product-compliance
Ingram Content Group UK Ltd.
Pitfield, Milton Keynes, MK11 3LW, UK
UKHW020308200726
13857UKWH00001B/111